《煤矿安全生产标准化管理体系基本要求及评分方法》

新 旧 对 照

应急管理部信息研究院 组织编写

应 急 管 理 出 版 社

·北 京·

图书在版编目（CIP）数据

煤矿安全生产标准化管理体系基本要求及评分方法 ：新旧对照 / 应急管理部信息研究院组织编写. -- 北京 ：应急管理出版社，2024.（2024.12 重印） -- ISBN 978-7-5237-0779-1

Ⅰ. TD7

中国国家版本馆 CIP 数据核字第 2024GS8610 号

《煤矿安全生产标准化管理体系基本要求及评分方法》 新旧对照

组织编写 应急管理部信息研究院
责任编辑 闫 非 郭玉娟
责任校对 李新荣
封面设计 解雅欣

出版发行 应急管理出版社（北京市朝阳区芍药居 35 号 100029）
电　　话 010－84657898（总编室） 010－84657880（读者服务部）
网　　址 www. cciph. com. cn
印　　刷 河北赛文印刷有限公司
经　　销 全国新华书店

开　　本 710mm × 1000mm $^{1}/_{16}$ **印张** 17 $^{3}/_{4}$ **字数** 242 千字
版　　次 2024 年 12 月第 1 版 2024 年 12 月第 2 次印刷
社内编号 20240928 **定价** 65.00 元

目　录

编排说明……1

（2020 版）	（2024 版）
第 1 部分　总则……2	第 1 部分　总则……3
第 2 部分　理念目标和矿长安全承诺……12	
第 3 部分　组织机构……18	
第 4 部分　安全生产责任制及安全管理制度……16	
第 5 部分　从业人员素质……14	第 2 部分　安全基础管理……13
第 6 部分　安全风险分级管控……20	
第 7 部分　事故隐患排查治理……28	
第 9 部分　持续改进……34	
	第 3 部分　重大灾害防治……37
	3.1　井工煤矿重大灾害防治……37
	3.2　露天煤矿重大灾害防治……59
第 8 部分　质量控制……66	第 4 部分　专业管理……67
	4.1　井工煤矿专业管理……67
8.1　通风……66	4.1.1　通风……67

8.2 地质灾害防治与测量………………82	4.1.2 地质测量………83
8.3 采煤………………94	4.1.3 采煤………………95
8.4 掘进 ………………112	4.1.4 掘进 …………113
8.5 机电 ………………130	4.1.5 机电 …………131
8.6 运输 ………………156	4.1.6 运输 …………157
8.7 露天煤矿 …………180	4.2 露天煤矿专业管理 ………………181 4.2.1 钻孔 …………181 4.2.2 爆破 …………187 4.2.3 采装 …………193 4.2.4 运输 …………203 4.2.5 排土 …………219 4.2.6 机电 …………231 4.2.7 防治水 ………257
8.8 调度和应急管理 ………………268	4.3 调度应急和“三堂一舍” ……………269

编 排 说 明

一、煤矿安全生产标准化管理体系较2020年做了较大修改，具体体现在：突出七大基本原则——突出目标导向、健全双控管理、聚焦事故预防、强化现场管理、注重过程控制、依靠科技进步、坚持动态达标持续改进；注重三大体系构成——安全基础管理、重大灾害防治、专业管理。本书将新旧条文内容对照比较，直观地展示了其发展变化，使读者对两者的异同和所做的调整一目了然，加深读者对新标准的理解。

二、本书中《煤矿安全生产标准化管理体系基本要求及评分方法》条文按2024版正常顺序排版。为方便读者对比学习新旧条文差别，2020版部分条文有所分离、前后顺序有所调整。

三、本书中偶数页码为2020版内容（阴影加方框部分为删去内容），奇数页码为2024版内容（黑体字为修改或者增加的内容）。

四、2020版第2、3、4、5、6、7、9部分合并为2024版第2部分“安全基础管理”。2020版第8部分“质量控制”调整为2024版第4部分“专业管理”，其中“职业病危害防治”内容在2024版中删除；“地面设施”只保留“三堂一舍”部分，并与“调度和应急管理”合并为“调度应急和‘三堂一舍’”。2024版新增第3部分“重大灾害防治”。

五、本书的编写工作由毕永强、郑丽君、崔亚虎、霍朝霞、王桂林完成。

第1部分　总则

煤矿是安全生产的责任主体，必须建立健全煤矿安全生产标准化管理体系，通过树立安全生产理念和目标，实施安全承诺，建立健全组织机构，配备安全管理人员，建立并落实安全生产责任制和安全管理制度，提升从业人员素质，开展安全风险分级管控、事故隐患排查治理，抓好质量控制，不断规范、持续改进安全生产管理，适应煤矿安全治理体系和治理能力现代化要求，实现安全发展。

二、基本原则

1. 突出理念引领

贯彻落实“安全第一，预防为主，综合治理”的安全生产方针，牢固树立安全生产红线意识，用先进的安全生产理念、明确的安全生产目标，指导煤矿开展安全生产工作。

3. 强化风险意识

建立风险分级管控、隐患排查治理双重预防机制，增强煤矿矿长、总工程师等管理人员、专业技术人员风险意识，实现安全生产源头管控，不断推动关口前移。

6. 加强现场管理

加强岗位安全生产责任制落实，强化现场作业人员安全知识与技能的培养和应用，上标准岗、干标准活，实现岗位作业流程标准化。

4. 注重过程控制

过程控制是煤矿安全生产管理的核心。建立并落实管理制度，强化现场管理，定期开展安全生产检查和管理行为、操作行为纠偏，实施安全生产各环节的过程控制。

5. 依靠科技进步

健全技术管理体系，开展技术创新，推广先进实用技术、装备、工艺，优化生产系统，推动煤矿减水平、减头面、减人员；努力提升煤矿机械化、自动化、信息化、智能化水平，升级完善安全监控系统，持续提高安全保障能力。

7. 推动持续改进

根据安全生产实际效果，强化目标导向、问题导向和结果导向，不断调整完善安全生产标准化管理体系和运行机制，推动安全管理水平持续提升。

第 1 部分　总则
煤矿是安全生产的责任主体，必须建立健全煤矿安全生产标准化管理体系，通过制定安全生产目标，设置机构，配备人员，建立并落实安全生产责任制和安全管理制度，提升从业人员素质，开展安全风险分级管控、隐患排查治理，聚焦重大灾害防治，抓好各专业管理，不断规范、持续改进安全生产管理，实现安全生产。
一、基本原则
1. 突出目标导向
贯彻落实“安全第一、预防为主、综合治理”的安全生产方针，牢固树立安全生产红线意识，用明确的安全生产目标，指导煤矿开展安全生产工作。
2. 健全双控机制
建立安全风险分级管控、隐患排查治理双重预防机制，增强煤矿全体从业人员风险意识和隐患排查能力，实现安全生产源头管控，不断推动关口前移。
3. 聚焦事故预防
突出煤矿重大灾害防治，加强隐蔽致灾因素动态普查，强化灾害超前治理和源头控制，有效防范和化解系统性安全风险。
4. 强化现场管理
制定并落实全员安全生产责任制，强化现场作业人员安全知识与技能的培养和应用，推动上标准岗、干标准活，提升现场管理水平。
5. 注重过程控制
建立并落实管理制度，定期开展安全生产检查和管理行为、操作行为纠偏，实施安全生产各环节的过程控制，推动安全管理水平持续提升。
6. 依靠科技进步
优化生产系统，推动煤矿减水平、减采区、减采掘工作面、减人员，推广先进实用技术、装备、工艺，提升煤矿机械化、自动化、信息化、智能化水平，持续提高安全保障能力。
7. 坚持动态达标持续改进
坚持全面自查自评，加强标准化体系运行总结分析，评估体系运行的有效性，制定改进措施并落实，确保动态达标。

续表

第 1 部分　总则
三、煤矿安全生产标准化管理体系
煤矿安全生产标准化管理体系包括理念目标和矿长安全承诺、组织机构、安全生产责任制及安全管理制度、从业人员素质、安全风险分级管控、事故隐患排查治理、质量控制、持续改进等 8 个要素。
7. 质量控制
是指通过设定通风、地质灾害防治与测量、采煤、掘进、机电、运输等环节（露天煤矿为钻孔、爆破、采装、运输、排土、机电、边坡、疏干排水等环节）的质量和工作指标，以及调度和应急管理、职业病危害防治和地面设施等方面的管理标准，规范煤矿生产技术、设备设施、工程质量、岗位作业行为等方面的管理工作。
四、煤矿安全生产标准化管理体系考核内容

续表

第 1 部分　总则
二、煤矿安全生产标准化管理体系构成
煤矿安全生产标准化管理体系包括安全基础管理、重大灾害防治、专业管理等 3 个部分。
1. 安全基础管理
设定安全生产目标，建立健全安全生产管理部门，健全完善安全生产责任制和管理制度，明确安全责任范围，提高从业人员素质和技能。对生产过程中发生不同等级事故、伤害的可能性进行辨识评估，预先采取规避、消除或控制安全风险的措施。对生产过程中安全风险管控措施落实情况和人的不安全行为、物的不安全状态、环境的不安全条件和管理的缺陷进行检查、登记、治理、验收、销号，实现隐患闭环管理。
2. 重大灾害防治
针对井工煤矿瓦斯、水、火、冲击地压、煤尘，露天煤矿边坡等重大灾害及风险，常态化制度化开展隐蔽致灾因素普查，坚持重大灾害源头治理、超前治理、区域治理、系统治理、工程治理。
3. 专业管理
设定井工煤矿通风、地质测量、采煤、掘进、机电、运输、调度应急和“三堂一舍”，露天煤矿钻孔、爆破、采装、运输、排土、机电、防治水、调度应急和“三堂一舍”等专业的工作指标及管理标准，规范煤矿生产技术、设备设施、工程质量、现场管理等方面的管理工作。
三、煤矿安全生产标准化管理体系现场考核内容
1. 安全基础管理 考核内容执行本方法第 2 部分“安全基础管理”的规定。
2. 重大灾害防治 （1）井工煤矿：考核内容执行本方法第 3 部分“重大灾害防治”中“3.1 井工煤矿重大灾害防治”的规定。 （2）露天煤矿：考核内容执行本方法第 3 部分“重大灾害防治”中“3.2 露天煤矿重大灾害防治”的规定。

续表

第 1 部分　总则
7. 质量控制。 井工煤矿：考核内容包括通风、地质灾害防治与测量、采煤、掘进、机电、运输、调度和应急管理、职业病危害防治和地面设施等专业，考核执行本方法第 8 部分“质量控制”的有关规定。 露天煤矿：考核内容包括钻孔、爆破、采装、运输、排土、机电、边坡、疏干排水、调度和应急管理、职业病危害防治和地面设施等专业，考核执行本方法第 8 部分“质量控制”的有关规定。
五、煤矿安全生产标准化管理体系评分方法
1. 井工煤矿安全生产标准化管理体系评分方法 （1）井工煤矿安全生产标准化管理体系考核满分为 100 分，采用各部分得分乘以权重的方式计算，各部分的权重见表 1 – 1。
表 1 – 1　井工煤矿安全生产标准化管理体系评分权重表 理念目标和矿长安全承诺 0.03、组织机构 0.03、安全生产责任制及安全管理制度 0.03、从业人员素质 0.06、安全风险分级管控 0.15、事故隐患排查治理 0.15、通风 0.10、地质灾害防治与测量 0.08、采煤 0.07、掘进 0.07、机电 0.06、运输 0.05、调度和应急管理 0.04、职业病危害防治和地面设施 0.03、持续改进 0.05。
（2）井工煤矿安全生产标准化管理体系各部分在不存在重大事故隐患的前提下，按照各部分评分表进行现场检查打分。 （3）各部分考核得分乘以该部分权重（质量控制部分为各专业权重）之和即为井工煤矿安全生产标准化管理体系考核得分，采用式（1）计算： $$M = \sum_{i=1}^{15}(a_i \times M_i) \tag{1}$$ 式中　M——井工煤矿安全生产标准化管理体系考核得分； M_i——理念目标和矿长安全承诺、组织机构、安全生产责任制及安全管理制度、从业人员素质、安全风险分级管控、事故隐患排查治理、通风、地质灾害防治与测量、采煤、掘进、机电、运输、调度和应急管理、职业病危害防治和地面设施、持续改进等 15 项的安全生产标准化考核得分；

续表

第 1 部分 总则
3. 专业管理 （1）井工煤矿：考核内容**执行本方法第 4 部分“专业管理”中“4.1 井工煤矿专业管理”和“4.3 调度应急和‘三堂一舍’”**的规定。 （2）露天煤矿：考核内容**执行本方法第 4 部分“专业管理”中“4.2 露天煤矿专业管理”和“4.3 调度应急和‘三堂一舍’”**的规定。
注：各部分涉及到的资料，鼓励采用信息化手段管理。
四、煤矿安全生产标准化管理体系评分方法
1. 井工煤矿安全生产标准化管理体系评分方法 （1）井工煤矿**现场**考核**评分**满分为 100 分，采用各部分得分乘以权重的方式计算，各部分的权重见表 1－1。
表 1－1 井工煤矿安全生产标准化管理体系权重表 **安全基础管理 0.15、重大灾害防治 0.16**、通风 **0.12**、地质测量 **0.10**、采煤 **0.10**、掘进 **0.10**、机电 **0.10**、运输 **0.10**、调度应急**和“三堂一舍”0.07**。
（2）井工煤矿**在有采煤工作面、**不存在重大事故隐患的前提下，按照评分表进行现场检查打分。 （3）各部分考核得分乘以该部分权重之和即为井工煤矿安全生产标准化管理体系现场考核总得分，采用式（1）计算： $$M = \sum_{i=1}^{9}(a_i \times M_i) \qquad (1)$$ 式中 M——井工煤矿安全生产标准化管理体系**现场**考核**总**得分； M_i——**安全基础管理、重大灾害防治**、通风、地质测量、采煤、掘进、机电、运输、调度应急**和“三堂一舍”**等 **9** 项**现场**考核得分； α_i——**安全基础管理、重大灾害防治**、通风、地质测量、采煤、掘进、机电、运输、调度应急**和“三堂一舍”**等 **9** 项权重值。 **（4）缺项考核评分方法** **“专业管理”中缺项专业不得分，考核总得分采用式（2）计算：**

续表

第 1 部分　总则
a_i——理念目标和矿长安全承诺、组织机构、安全生产责任制及安全管理制度、从业人员素质、安全风险分级管控、事故隐患排查治理、通风、地质灾害防治与测量、采煤、掘进、机电、运输、调度和应急管理、职业病危害防治和地面设施、持续改进等15项权重值。
2. 露天煤矿安全生产标准化管理体系评分方法 （1）露天煤矿安全生产标准化管理体系考核满分为 100 分，采用各部分得分乘以权重的方式计算，各部分的权重见表 1－2。
表 1－2　露天煤矿安全生产标准化管理体系评分权重表 理念目标和矿长安全承诺 0.03、组织机构 0.03、安全生产责任制及安全管理制度 0.03、从业人员素质 0.06、安全风险分级管控 0.15、事故隐患排查治理 0.15、钻孔 0.03、爆破 0.07、采装 0.07、运输 0.08、排土 0.05、机电 0.05、边坡 0.05、疏干排水 0.03、调度和应急管理 0.04、职业病危害防治和地面设施 0.03、持续改进 0.05。
（2）露天煤矿安全生产标准化管理体系各部分在不存在重大事故隐患的前提下，按照各部分评分表进行现场检查打分。
（3）各部分考核得分乘以该部分权重（质量控制部分为各专业权重）之和即为露天煤矿安全生产标准化管理体系考核得分，采用式（2）计算： $$N=\sum_{i=1}^{17}(b_i\times N_i) \qquad (2)$$ 式中　N——露天煤矿安全生产标准化管理体系考核得分； N_i——理念目标和矿长安全承诺、组织机构、安全生产责任制及安全管理制度、从业人员素质、安全风险分级管控、事故隐患排查治理、钻孔、爆破、采装、运输、排土、机电、边坡、疏干排水、调度和应急管理、职业病危害防治和地面设施、持续改进等 17 项的安全生产标准化考核得分； b_i——理念目标和矿长安全承诺、组织机构、安全生产责任制及安全管理制度、从业人员素质、安全风险分级管控、事故隐患排查治理、钻孔、爆破、采装、运输、排土、机电、边坡、疏干排水、调度和应急管理、职业病危害防治和地面设施、持续改进等 17 项权重值。

续表

第 1 部分　总则
$$T = \frac{1}{1 - a_i} \times M \qquad (2)$$ 式中　T——综合考核分数； M——井工煤矿现场考核总得分； a_i——缺项权重值。 注：对于已无掘进工程的拟关闭退出的煤矿，或无掘进工作面但“三量”（开拓、准备、回采煤量）符合规定的正常生产煤矿，可在考核定级时，对矿井掘进专业不考核。
2. 露天煤矿安全生产标准化管理体系评分方法 （1）露天煤矿**现场**考核**评分**满分为 100 分，采用各部分得分乘以权重的方式计算，各部分的权重见表 1－2。
表 1－2　露天煤矿安全生产标准化管理体系权重表 **安全基础管理 0.15、重大灾害防治 0.15**、钻孔 **0.08**、爆破 **0.10**、采装 **0.10**、运输 **0.10**、排土 **0.08**、机电 **0.10**、防治水 **0.07**、调度应急和**“三堂一舍”0.07。**
（2）露天煤矿**现场正常生产，**在不存在重大事故隐患的前提下，按照评分表进行现场检查打分。
（3）各部分考核得分乘以该部分权重之和即为露天煤矿安全生产标准化管理体系**现场**考核**总**得分，采用式（**3**）计算： $$N = \sum_{i=1}^{10} (b_i \times N_i) \qquad (3)$$ 式中　N——露天煤矿安全生产标准化管理体系**现场**考核**总**得分； N_i——**安全基础管理、重大灾害防治**、钻孔、爆破、采装、运输、排土、机电、防治水、调度应急和**“三堂一舍”**等 **10 部分现场**考核得分； b_i——**安全基础管理、重大灾害防治**、钻孔、爆破、采装、运输、排土、机电、防治水、调度应急和**“三堂一舍”**等 **10 部分**权重值。

续表

第 1 部分　总则
（4）在考核评分中，如缺项，可将该部分的加权分值，平均折算到其他部分中去，折算方法如式（3）： $$T=\frac{100}{100-P}\times Q \quad (3)$$ 式中　T——实得分数； Q——加权得分数； P——缺项加权分数（缺项权重值乘以 100）。

续表

第 1 部分　总则
（4）缺项考核评分方法 “专业管理”中缺项专业不得分，考核总得分采用式（4）计算： $$T=\frac{1}{1-b_i}\times N \quad (4)$$ 式中　T——综合考核分数； N——露天煤矿现场考核总得分； b_i——缺项权重值。 3. 附加得分项 对 2 个自然年及以上未发生生产安全事故的煤矿，在现场考核得分的基础上予以加分；2 个自然年未发生生产安全事故的加 0.1 分，以后每增加 1 年加 0.1 分，最多加 2 分。

第 2 部分　理念目标和矿长安全承诺	
基 本 要 求	评 分 方 法
一、安全生产目标	
目标内容	
1. 年度安全生产目标应符合本单位安全生产实际，将安全生产目标纳入企业的总体生产经营考核指标	查煤矿当年及上一年资料。总体生产经营目标超设计（核定）生产能力的，“安全生产目标”大项不得分；未纳入总体生产经营考核指标该项不得分；目标未体现保持或提升扣3分
目标考核	
1. 每季度统计目标任务完成情况，未按时完成的应分析原因，提出改进措施	查资料。未按要求统计不得分，少1次扣2分；未分析原因提出改进措施，少1项扣1分

第 2 部分 安全基础管理

一、工作要求

1. 安全目标。制定本单位安全管理纲领性文件，明确年度安全目标及任务，对目标考核奖惩等内容作出规定，并严格考核兑现。

2. 组织保障。按照国家有关法律法规规章标准要求，设置煤矿安全生产管理部门；配备满足实际需要的安全生产管理人员、专业技术人员和特种作业人员。

3. 安全制度。依据国家安全生产法律法规规章标准，健全完善各项安全生产管理制度，并严格贯彻落实。

4. 安全培训。制定并落实培训计划；按照规定足额提取和使用安全培训经费；从业人员经培训考核合格后方可上岗。

5. 风险分级管控。建立安全风险分级管控工作制度，按要求组织开展风险辨识评估工作，建立重大安全风险管控清单和评估结果应用机制，组织开展年度辨识评估和专项辨识评估宣贯工作，实现信息化管理。

6. 隐患排查治理。建立隐患排查治理工作制度，组织开展事故隐患排查工作，按照事故隐患分级标准，明确治理责任部门、人员、措施、时限等，并组织实施。建立事故隐患举报奖励制度，定期总结分析隐患排查治理的情况。

7. 持续改进。每季度对管理体系运行情况开展 1 次自查自评；每年对管理体系运行质量进行 1 次全面客观分析总结，提出改进措施并落实，完善相关制度措施，提高体系运行质量。

二、评分方法

1. 存在重大事故隐患的，本部分不得分。

2. 按表 2 评分，总分为 100 分。按照所检查存在的问题进行扣分，各小项分数扣完为止。

基本要求	评分方法
一、安全目标	
目标内容	
结合煤矿实际明确年度安全目标，包括但不限于工伤事故、标准化达标创建等量化考核指标，分解、制定完成目标的工作任务和措施，并对考核奖惩等内容作出规定	查现场和资料。未制定安全目标不得分；目标内容脱离实际 1 项扣 1 分；目标任务未量化 1 项扣 1 分；未明确工作任务、措施及考核奖惩等内容缺 1 项扣 0.5 分
考核奖惩	
每季度统计安全目标任务完成情况；未按时完成的分析原因，提出改进措施；每年对安全目标任务完成情况进行考核，并严格兑现奖惩	查现场和资料。未统计目标任务完成情况扣 2 分，缺 1 次扣 1 分；未分析原因，提出改进措施扣 2 分；未进行年度考核不得分；未兑现奖惩扣 3 分

续表

第 5 部分　从业人员素质	
基本要求	评分方法
人员配备及准入	
1. 矿长、副矿长、总工程师、副总工程师具备煤矿相关专业大专及以上学历，具有 3 年以上煤矿相关工作经历，且不得在其他煤矿兼职	抽查相关人员和查资料。1 人不符合要求扣 3 分；在其他煤矿兼职“人员配备及准入”大项不得分
1. 冲击地压矿井配备满足工作需要的防冲专业技术人员；水文地质类型复杂、极复杂矿井配备满足工作需要的防治水专业技术人员；突出矿井的防突机构专业技术人员不少于 2 人	查资料。未按要求配备不得分；不能满足工作需要的，缺 1 人扣 1 分
特种作业人员应当具备高中及以上文化程度（2018 年 6 月 1 日前上岗的煤矿特种作业人员可具备初中及以上文化程度），具有煤矿相关工作经历，或者职业高中、技工学校及中专以上相关专业学历，并取得省级煤矿安全培训主管部门颁发的《中华人民共和国特种作业操作证》	查现场和资料。1 人不符合要求不得分

续表

第 2 部分　安全基础管理	
基 本 要 求	评 分 方 法
二、组织保障	
机构设置	
按规定设置安全生产技术管理部门，明确相应的责任范围及工作职责并严格落实。对煤（岩）与瓦斯（二氧化碳）突出、高瓦斯、冲击地压、煤层容易自燃、水文地质类型复杂和极复杂的煤矿，还应当按规定设立相应的专门防治机构	查现场和资料。部门应设未设不得分；部门责任范围不明确 1 项扣 0.2 分；有关职责未明确到具体负责部门缺 1 项扣 1 分
人员配备	
按规定配备“五职”矿长（矿长、总工程师，负责安全、生产、机电的副矿长）和副总工程师，不得在其他煤矿兼职；学历、经历等条件符合相关规定	查现场和资料。检查任命文件和上岗情况，未按国家规定配备“五职”矿长和副总工程师或在其他煤矿兼职的不得分；人员学历或经历不符合规定 1 人扣 0.5 分
煤矿根据不同的灾害类型（指突出、冲击地压、水文地质类型复杂和极复杂、开采容易自燃和自燃煤层）、配备满足工作需要的安全生产管理人员、专业技术人员；人员学历、经历等条件符合相关规定	查现场和资料。未按国家规定配备专业技术人员不得分；其他安全生产管理人员和专业技术人员配备少 1 人扣 0.5 分；人员学历或经历不符合规定 1 人扣 0.2 分
配备满足安全生产工作需要的特种作业人员和其他从业人员，并持证上岗。井下工作岗位不得使用劳务派遣工	查现场和资料。特种作业人员配备少 1 人扣 0.5 分；人员学历或经历不符合规定 1 人扣 0.2 分；未持证上岗或证件超期 1 人次扣 0.5 分；井下工作岗位使用劳务派遣工不得分

续表

第 5 部分　从业人员素质	
基 本 要 求	评 分 方 法
煤矿其他人员经培训取得培训合格证明上岗；新上岗的井下作业人员安全培训合格后，在有经验的工人师傅带领下，实习满 4 个月，并取得工人师傅签名的实习合格证明后，方可独立工作。井下不使用劳务派遣工	查现场和资料。井下使用劳务派遣工不得分；其他 1 人不符合要求扣 1 分
第 4 部分　安全生产责任制及安全管理制度	
安全管理制度	
安全生产管理制度应满足下列规定： 1. 符合相关的法律、法规、政策、标准； 2. 内容具体，符合煤矿实际，有针对性，责任清晰，能够对照执行和检查	查现场和资料。随机抽查，内容不符合 1 处扣 2 分
至少建立以下安全管理制度，主要包括：安全生产责任制管理考核制度；安全办公会议制度；安全投入保障制度；安全监督检查制度；安全技术措施审批制度；矿用设备、器材使用管理制度；矿井主要灾害预防管理制度；安全奖惩制度；安全操作规程管理制度；事故报告与责任追究制度；事故应急救援制度；“三违”管理制度；矿领导带班下井（坑）制度	查资料。缺 1 项制度扣 2 分

续表

第 2 部分　安全基础管理	
基 本 要 求	评 分 方 法
三、安全制度	
制度建立	
依据相关法律、法规、**规章**、**规范**、标准，**结合**煤矿实际，至少建立以下安全管理制度：安全生产责任制管理考核制度；安全办公会议制度；矿领导带班下井（坑）制度；安全投入保障制度；安全监督检查制度；安全技术措施审批制度；矿用设备、器材使用管理制度；主要灾害预防管理制度；安全奖惩制度；安全操作规程管理制度；事故报告与责任追究制度；“三违”管理制度	查现场和资料。**制度缺 1 项扣 0.5 分；制度不符合煤矿实际 1 处扣 0.3 分**
安全生产责任制	
建立健全覆盖各层级负责人、各部门（区队）、各岗位的安全生产责任制，明确安全责任范围，并对安全生产责任落实不到位人员按照本矿规定问责	**查现场和资料。责任制缺 1 岗位扣 0.5 分；部门责任制缺 1 个扣 1 分；其他不符合要求 1 处扣 0.3 分；抽考抽问 1 名管理人员、1 名职工本岗位安全生产责任制，未掌握 1 人扣 0.2 分**

续表

第 3 部分　组织机构	
基本要求	评分方法
一、安全办公会议机制	
建立由矿长牵头、分管负责人参加的安全办公会议机制，议定内容包括安全生产理念和目标、机构配置和人员定编、年度安全投入计划、重大灾害治理方案、应急救援预案、重大风险管控方案、采掘（采剥）接续计划等工作的制定和调整等，形成会议纪要	查资料。未建立机制不得分；重大安全事项制定或调整无会议纪要，1 项扣 1 分；非矿长牵头或无授权，1 次扣 1 分
第 5 部分　从业人员素质	
安全培训	
1. 建立并执行安全培训管理制度，对培训需求调研、培训策划设计、教学管理组织、学员考核、培训登记、档案管理、过程控制、经费管理、后勤保障、质量评估、教师管理等工作进行规定	查资料。未建立制度不得分；制度不完善 1 处扣 0.5 分，执行不到位 1 处扣 1 分
2. 具备安全培训条件（符合 AQ/T 8011—2016 要求）的煤矿，按规定配备同安全培训范围及规模相适应、相对稳定的师资队伍和装备、设施；不具备培训条件的煤矿，应委托具备安全培训条件的机构进行安全培训	查现场和资料。场所、设施等不符合要求或欠缺 1 处扣 1 分，缺 1 名相关专业教师扣 2 分；不具备条件且未委托培训的不得分

续表

第 2 部分　安全基础管理	
基本要求	评分方法
安全办公会议	
定期召开安全办公会议由矿长主持，总工程师、副矿长、副总工程师、职能科室和基层区队等负责人参加，总结分析管理周期内安全工作情况，安排部署下一管理周期的安全工作，形成会议纪要	查现场和资料。没有按规定召开会议的不得分；会议未对相关工作进行总结、分析、安排的缺 1 项扣 0.5 分；议定的具体工作未闭环管理的 1 项扣 0.5 分
矿领导带班下井（坑）	
煤矿每班有矿领导带班下井（坑），并建立实名登记档案；带班信息在井工煤矿井口、露天煤矿调度室或交接班室等显著位置公示	查现场和资料。矿领导带班空班 1 个班次扣 1 分；通过人员定位、视频等方式核查带班质量，存在睡岗或不在当班作业区域巡查现象的 1 次扣 0.5 分；其他不符合要求 1 次扣 0.2 分
安全投入保障	
编制年度安全生产费用提取和使用计划，严格按照国家规定的标准足额提取，并在规定的范围使用；建立台账，规范管理	查现场和资料。未制定提取和使用计划、未按规定标准提取或使用不得分；未建立台账扣 1 分；其他不符合要求 1 处扣 0.5 分
四、安全教育培训	
基础保障	
建立并执行安全培训管理制度；**严格**按照规定的比例提取和使用**教育**培训经费，做到专款专用。具备安全**生产**培训条件的**煤矿企业自主开展安全技术培训**，不具备培训条件的煤矿，应委托具备安全生产培训条件的机构进行安全培训	查现场和资料。制度执行不到位 1 处扣 **0.5 分**。未提取教育培训经费不得分；**提取比例不符合规定扣 1 分**；未做到专款专用扣 1 分。**安全生产培训条件不符合要求、委托的培训机构**不具备条件的不得分

续表

第5部分 从业人员素质	
基本要求	评分方法
3. 按照规定比例提取和使用安全培训经费，做到专款专用	查资料。未提取培训经费不得分，经费不足扣2分，未做到专款专用扣1分
组织实施	
1. 矿长组织制定并实施安全生产教育和培训计划，组织制定并推动实施安全技能提升培训计划	查资料。无计划不得分，计划不是主要负责人牵头制定，扣2分
2. 培训对象覆盖所有从业人员	查现场和资料。培训对象未覆盖全员，缺1类人员扣0.5分
3. 安全培训学时符合规定	查资料。不符合要求1处扣1分
8. 组织开展安全生产事故案例警示教育	查资料（含音视频影像资料）。未组织开展不得分
第6部分 安全风险分级管控	
制度建设	
建立安全风险分级管控工作制度，明确安全风险辨识评估范围、方法和安全风险的辨识、评估、管控、公告、报告工作流程	查资料。未建立制度不得分，辨识评估范围、方法或工作流程1处不明确扣1分，工作流程内容不完善1处扣0.5分，制度不执行1项扣1分

续表

第 2 部分　安全基础管理	
基 本 要 求	评 分 方 法
组织实施	
矿长组织制定并实施安全生产教育和培训计划。**培训对象覆盖所有从业人员，安全培训学时符合规定**	查现场和资料。无培训计划不得分；**培训计划不符合实际或未落实缺 1 项扣 1 分**；培训对象未覆盖全员，缺 1 类人员扣 0.5 分；**培训学时不符合要求 1 处扣 0.5 分；其他**不符合要求 1 **项扣 0.3** 分
组织开展生产**安全**事故案例警示教育	**现场抽**查（含音视频影像资料）。**上级煤矿监察监管部门发布的生产安全事故通报等未宣贯的 1 例扣 0.5 分；本矿安全生产事故未宣贯 1 例扣 1 分**
人员素质	
煤矿主要负责人、安全生产管理人员安全生产知识和管理能力经考核合格；“五职”矿长每年接受矿山安全监察机构会同监管部门组织的专门安全教育培训。特种作业人员经专门的安全技术培训和考核，取得特种作业操作证。其他从业人员经培训考核合格后持证上岗；新上岗的从业人员岗前安全培训时间符合规定，并经培训考核合格后方可上岗	**查现场和资料。“三项岗位人员”未取得考核合格证明、特种作业操作证 1 人扣 1 分；“五职矿长”每年未接受培训 1 人扣 1 分；其他从业人员未经安全培训 1 人扣 1 分。持过期证件 1 人扣 0.5 分；新上岗人员岗前未培训的不得分，培训不符合要求 1 人扣 0.2 分**
五、安全风险分级管控	
工作制度	
建立安全风险分级管控工作制度，**矿长全面负责，分管负责人负责分管范围内安全风险分级管控工作，副总工程师、科室、区（队）安全风险分级管控职责明确；**明确安全风险辨识评估范围、方法和安全风险的辨识、评估、管控、公告**等工作要求**	查现场和资料。未建立制度不得分，**职责内容不明确 1 项扣 0.2 分**；辨识评估范围、方法或**工作要求**不明确 1 处扣 **0.2 分**，制度不执行 1 项扣 **0.5 分**

续表

第6部分　安全风险分级管控	
基 本 要 求	评 分 方 法
安全风险辨识评估	
1. 每年矿长组织各分管负责人、副总工程师和相关科室、区（队）进行年度安全风险辨识评估，重点对井工煤矿瓦斯、水、火、煤尘、顶板、冲击地压及提升运输系统，露天煤矿边坡、爆破、机电运输等容易导致群死群伤事故的危险因素开展安全风险辨识评估； 2. 风险辨识评估范围应覆盖煤矿井（坑）下所有系统、场所、区域； 3. 高瓦斯及突出、水文地质类型复杂和极复杂、煤层自燃及容易自燃、有冲击地压等4类重大灾害矿井，应将相应影响区域的安全风险评估为重大风险； 4. 年底前完成年度安全风险辨识评估报告的编制，制定《煤矿重大安全风险管控方案》；方案应包含重大安全风险清单，相应的管理、技术、工程等管控措施，以及每条措施落实的人员、技术、时限、资金等内容； 5. 将辨识评估结果应用于确定下一年度安全生产工作重点，《煤矿重大安全风险管控方案》对下一年度生产计划、灾害预防和处理计划、应急救援预案、安全培训计划、安全费用提取和使用计划等提出意见	查资料和现场。未开展辨识或辨识组织者不符合要求不得分；未按照工作制度开展风险辨识评估工作1处扣1分，参加人员不全缺1人扣1分，辨识内容（危险因素不存在的除外）缺1项扣2分，辨识评估范围不全缺1处扣2分，4类重大灾害矿井未将相应风险评估为重大风险的1项扣2分；未编制评估报告或未制定管控方案扣10分，管控方案内容不全缺1项扣2分；重大风险管控措施不完善、不落实或操作性不强1项扣0.2分；辨识成果未体现应用缺1项扣1分
新水平、新采（盘）区、新工作面设计前，开展1次专项辨识评估： 1. 专项辨识评估由总工程师组织有关科室进行； 2. 重点辨识评估地质条件和重大灾害因素等方面存在的安全风险； 3. 编制专项辨识评估报告，有新增重大风险或需调整措施的补充完善《煤矿重大安全风险管控方案》； 4. 辨识评估结果应用于完善设计方案，指导生产工艺选择、生产系统布置、设备选型、劳动组织确定	查现场和资料。未开展辨识不得分，缺1次扣4分；辨识组织者不符合要求扣2分，科室缺1个扣1分，辨识内容缺1项扣2分；风险辨识评估不符合本矿制度规定1处扣1分；重大风险管控措施不完善或操作性不强1项扣0.2分；辨识成果未体现应用缺1项扣1分

续表

第 2 部分　安全基础管理	
基 本 要 求	评 分 方 法
风险辨识评估	
年度辨识评估	
1. 每年矿长组织各分管负责人、副总工程师和相关科室、区（队）进行年度安全风险辨识评估；重点对井工煤矿瓦斯、水、火、煤尘、顶板、冲击地压、**爆破及**提升运输系统，露天煤矿边坡、爆破、机电运输等容易导致群死群伤事故的危险因素开展； 2. 风险辨识评估范围应覆盖煤矿井（坑）下所有系统、场所、区域**及变电所、通风机房、压风机房、抽采泵房等地面场所**； **3.** 年底前完成**下一**年度安全风险辨识评估报告的编制，制定**重大安全风险管控清单，清单内容至少包括风险点、风险描述、管控期限、管控措施、管控责任；** 4. **年度**辨识评估结果应用于指导编制下一年度灾害预防和处理计划等	查现场和资料。未开展辨识不得分，辨识组织者不符合要求**扣 1 分，**参加人员**缺 1 人扣 0.2 分，风险辨识评估不符合工作制度要求 1 处扣 0.2 分；**辨识内容（危险因素不存在的除外）缺 1 项扣 0.5 分，辨识评估范围缺 **1 处扣 0.5 分**；未编制辨识评估报告**扣 2 分**，重大风险清单内容缺 1 项扣 0.5 分，重大风险管控措施不完善、操作性不强 1 项扣 **0.5 分**；辨识**评估**结果未体现应用缺 1 处扣 0.5 分
专项辨识评估	
1. 新采（盘）区、新工作面设计前，由总工程师组织有关科室**开展** 1 次专项辨识评估，重点辨识评估地质条件、重大灾害因素等方面存在的安全风险，**形成专项辨识评估纪要**。**如**有新增重大风险，**应补充**完善**重大安全风险管控清单**； **2.** 辨识评估结果应用于完善设计方案，指导生产工艺选择、生产系统布置、设备选型、劳动组织确定	查现场和资料。辨识缺 1 次扣 1 分；辨识组织者不符合要求扣 **0.5 分**，科室缺 1 个扣 **0.2 分**，辨识内容缺 1 项扣 **0.5 分**；**新增重大风险未补充清单扣 0.5 分**，重大风险管控措施不完善、操作性不强 1 项扣 **0.2 分**；辨识**评估结果**未体现应用缺 1 项扣 **0.5 分**

续表

第 6 部分　安全风险分级管控	
基 本 要 求	评 分 方 法
生产系统、生产工艺、主要设施设备、重大灾害因素（露天煤矿爆破参数、边坡参数）等发生重大变化时，开展 1 次专项辨识评估： 1. 专项辨识评估由分管负责人组织有关科室进行； 2. 重点辨识评估作业环境、生产过程、重大灾害因素和设施设备运行等方面存在的安全风险； 3. 编制专项辨识评估报告，有新增重大风险或需调整措施的补充完善《煤矿重大安全风险管控方案》； 4. 辨识评估结果应用于指导编制或修订完善作业规程、操作规程	查现场和资料。未开展辨识不得分，缺 1 次扣 4 分；辨识组织者不符合要求扣 2 分，科室缺 1 个扣 1 分，辨识内容缺 1 项扣 2 分；风险辨识评估不符合本矿制度规定 1 处扣 1 分；重大风险管控措施不完善或操作性不强 1 项扣 0.2 分；辨识成果未体现应用缺 1 项扣 1 分
启封密闭、排放瓦斯、反风演习、工作面通过空巷（采空区）、更换大型设备、采煤工作面初采和收尾、综采（放）工作面安装回撤、掘进工作面贯通前，突出矿井过构造带及石门揭煤等高危作业实施前，露天煤矿抛掷爆破前，新技术、新工艺、新设备、新材料试验或推广应用前，连续停工停产 1 个月以上的煤矿复工复产前，开展 1 次专项辨识评估： 1. 专项辨识评估由分管负责人（复工复产前专项辨识评估由矿长）组织有关科室、生产组织单位（区队）进行； 2. 重点辨识评估作业环境、工程技术、设备设施、现场操作等方面存在的安全风险； 3. 编制专项辨识评估报告，有新增重大风险或需调整措施的补充完善《煤矿重大安全风险管控方案》； 4. 辨识评估结果应用于对安全技术措施编制提出指导意见	查现场和资料。未开展辨识不得分，缺 1 次扣 4 分；辨识组织者不符合要求扣 2 分，科室、生产组织单位（区队）缺 1 个扣 1 分，辨识内容缺 1 项扣 2 分；风险辨识评估不符合本矿制度规定 1 处扣 1 分；重大风险管控措施不完善或操作性不强 1 项扣 0.2 分；辨识成果未体现应用缺 1 项扣 1 分；措施未按指导意见编制的扣 1 分

续表

第2部分　安全基础管理	
基本要求	评分方法
1. 生产系统、生产工艺、主要设施设备，**井工煤矿水、火、瓦斯、冲击地压灾害等级，露天煤矿边坡参数等发生重大变化时，新技术、新工艺、新设备、新材料试验或推广应用前，**由分管负责人组织有关科室**开展1次专项辨识评估，**重点辨识评估作业环境、生产过程、重大灾害因素和设施设备运行等方面存在的安全风险，**形成专项辨识评估纪要。如**有新增重大风险，**应**补充完善**重大安全风险清单；** **2.** 辨识评估结果应用于指导编制或修订完善作业规程、操作规程	查现场和资料。辨识缺1次扣**1分**；辨识组织者不符合要求扣**0.5分**，科室缺1个扣**0.2分**，辨识内容缺1项扣**0.5分**；新增重大风险未补充清单扣0.5分，重大风险管控措施不完善、操作性不强1项扣0.2分；辨识评估结果未体现应用缺1项扣**0.5分**
1. 连续停工停产1个月以上的煤矿复工复产前，由**矿长**组织有关科室、区（队）开展1次专项辨识评估；**井工煤矿井下动火作业，清理煤仓，**启封密闭，排放瓦斯，反风演习，工作面通过空巷（采空区），采煤工作面初采和收尾，综采（放）工作面安装和回撤，掘进工作面贯通前，突出矿井石门揭煤、**突出危险区过构造带**等高危作业实施前，由分管负责人组织有关科室、区（队）开展1次专项辨识评估，重点辨识评估作业环境、工程技术、设备设施、现场操作等方面存在的安全风险，**形成专项辨识评估纪要**。如有新增重大风险，**应**补充完善重大安全风险**清单；** **2.** 辨识评估结果应用于对安全技术措施编制提出指导意见	查现场和资料。辨识缺1次扣**1分**；辨识组织者不符合要求扣**0.5分**，**参加人员缺1个扣0.2分**，辨识内容缺1项扣**0.5分**；**新增重大风险未补充清单扣0.5分**，重大风险管控措施不完善、操作性不强1项扣0.2分；辨识评估结果未体现应用缺1项扣**0.5分**

续表

第6部分 安全风险分级管控	
基本要求	评分方法
本矿发生死亡事故或涉险事故、出现重大事故隐患，全国煤矿发生重特大事故，或者所在省份、所属集团煤矿发生较大事故后，开展1次针对性的专项辨识评估： 1. 专项辨识评估由矿长组织分管负责人和科室进行； 2. 识别安全风险辨识评估结果及管控措施是否存在漏洞、盲区； 3. 编制专项辨识评估报告，有新增重大风险或需调整措施的补充完善《煤矿重大安全风险管控方案》； 4. 辨识评估结果应用于指导修订完善设计方案、作业规程、操作规程、安全技术措施	查现场和资料。未开展辨识不得分，缺1次扣4分；辨识组织者不符合要求扣2分，科室缺1个扣1分，辨识内容缺1项扣2分；风险辨识评估不符合本矿制度规定1处扣1分；重大风险管控措施不完善或操作性不强1项扣0.2分；辨识成果未体现应用缺1项扣1分
三、安全风险管控	
3. 矿长掌握并落实本矿重大安全风险及主要管控措施，分管负责人、副总工程师、科室负责人、专业技术人员掌握相关范围的重大安全风险及管控措施 4. 在重大安全风险区域作业的区（队）长、班组长掌握并落实该区域重大安全风险及相应的管控措施；区（队）长、班组长组织作业时对管控措施落实情况进行现场确认 5. 矿长每年组织对重大安全风险管控措施落实情况和管控效果进行总结分析，指导下一年度安全风险管控工作	查现场。抽考不少于4人，矿长完全不掌握不得分，掌握不全面1项扣1分；其他1人完全不掌握扣2分，掌握不全面1项扣1分；发现措施未落实1项扣2分 查现场。抽考区（队）长、班组长各1人，1人未掌握本区域重大安全风险及管控措施扣1分；未进行确认或确认不符合实际1处扣1分；发现措施未落实1项扣2分 查资料。未总结分析不得分，安全风险分析不全缺1项扣1分

续表

第 2 部分　安全基础管理	
基 本 要 求	评 分 方 法
1. 本矿发生死亡事故或涉险事故，所在省份、隶属集团煤矿发生较大事故，全国煤矿发生重特大事故后，**由矿长组织分管负责人、科室开展 1 次针对性的专项辨识评估，重点**识别安全风险辨识评估结果及管控措施是否存在漏洞、盲区，**形成专项辨识评估纪要**。如有新增重大风险，**应补充完善重大安全风险清单；** 2. 辨识评估结果应用于指导修订完善设计方案、作业规程、操作规程、安全技术措施	查现场和资料。辨识缺 1 次扣 **1 分**；辨识组织者不符合要求扣 **0.5 分**，**参加人员缺 1 个扣 0.2 分，新增重大风险未补充清单扣 0.5 分**，重大风险管控措施不完善、操作性不强 1 项扣 0.2 分；辨识评估结果未体现应用缺 1 项扣 **0.5 分**
风险管控	
分级管控	
1. 矿长掌握并落实本矿重大安全风险及主要管控措施，分管负责人、副总工程师、科室负责人、专业技术人员掌握相关范围的重大安全风险及管控措施； **2.** 在重大安全风险区域作业的区（队）长、班组长掌握并落实该区域重大安全风险及相应的管控措施，区（队）长、班组长组织作业时对管控措施落实情况进行现场确认，**班前会通报本工作区域风险点；** **3. 岗位人员作业前进行安全风险确认；** 4. 矿长每年组织对重大安全风险管控措施落实情况和管控效果进行总结分析，指导下一年度安全风险管控工作（**纳入全矿标准化管理体系运行分析报告**）	查现场和资料。抽考不少于 4 人，矿长完全不掌握不得分，掌握不全面 1 项扣 **0.5 分**，其他完全不掌握 1 人扣 **0.5 分**，掌握不全面扣 **0.2 分**；发现措施未落实 1 项扣 **0.5 分**；未进行确认现场 1 处扣 **0.5 分**；**随机抽查现场 2 名岗位人员未确认或不全面 1 人扣 0.2 分；**未总结分析扣 **2 分**；**其他不符合要求 1 项扣 0.2 分**

续表

第 6 部分　安全风险分级管控	
基 本 要 求	评 分 方 法
保障措施	
教育培训	
1. 年度辨识评估完成后 1 个月内对入井（坑）人员进行安全风险管控培训，内容包括重大安全风险清单、与本岗位相关的重大安全风险管控措施，且不少于 2 学时；专项辨识评估完成后 1 周内对相关作业人员开展培训	查资料。培训不及时扣 2 分；培训内容和学时不符合要求 1 处扣 1 分，少 1 人参加扣 0.5 分
信息管理	
采用信息化管理手段，实现对安全风险记录、跟踪、统计、分析、上报等全过程的信息化管理	查现场。未实现信息化管理不得分，功能缺 1 项扣 1 分
第 7 部分　事故隐患排查治理	
一、工作机制	
建立《煤矿重大安全风险管控方案》措施落实情况检查和事故隐患排查治理相关制度，对重大安全风险管控措施落实及管控效果标准，事故隐患分级标准，以及事故隐患（含措施不落实情况）排查、登记、治理、督办、验收、销号、分析总结、检查考核工作作出规定并落实	查资料和现场。未建立制度不得分；内容缺 1 项扣 1 分，制度不执行 1 项扣 1 分
二、事故隐患排查	
1. 矿长每月组织分管负责人及相关科室、区（队）对重大安全风险管控措施落实情况、管控效果及覆盖生产各系统、各岗位的事故隐患至少开展 1 次排查；排查前制定工作方案，明确排查时间、方式、范围、内容和参加人员	查现场和资料。未组织排查重大安全风险管控措施落实情况、管控效果及各类隐患的不得分；组织人员、范围、周期不符合要求 1 项扣 2 分，未制定工作方案 1 次扣 1 分，方案内容缺 1 项扣 0.5 分

续表

第 2 部分　安全基础管理	
基 本 要 求	评 分 方 法
保障措施	
组织宣贯	
1. 年度辨识评估完成后 1 个月内，对入井(坑)、**地面相关**人员进行**宣贯**，内容包括与本岗位相关的重大安全风险**及**管控措施； **2.** 专项辨识评估完成后 1 周内，对相关人员进行**宣贯，内容包括与本岗位相关的安全风险及管控措施**	查资料和现场。**现场抽问 3 人，不掌握本岗位相关的风险及管控措施 1 人扣 0.2 分**
信息管理	
采用信息化管理手段，实现对安全风险记录、跟踪、统计、分析等全过程的信息化**闭合**管理	查现场。未实现信息化管理不得分，功能缺 1 项扣 **0.5** 分；**应用不到位 1 次扣 0.2 分**
六、隐患排查治理	
工作制度	
建立隐患排查治理**工作**制度，**明确矿长全面负责、分管负责人负责分管范围内隐患排查治理工作，副总工程师、科室、区（队）、班组、岗位人员的隐患排查治理职责；规定并落实**事故隐患分级标准，以及事故隐患排查、登记、治理、验收、销号、分析总结等**工作要求**	查现场和资料。未建立制度不得分，**职责内容不明确 1 项扣 0.2 分；工作要求内容不完善 1 处扣 0.2 分**，制度不执行 1 项扣 **0.5 分**
事故隐患排查	
周期范围	
矿长每月组织分管负责人及相关科室、区（队）对重大安全风险管控措施落实情况、管控效果及覆盖生产各系统、各岗位的事故隐患至少开展 1 次排查；排查前制定工作方案，明确排查时间、方式、范围、内容和参加人员	查现场和资料。未组织排查重大安全风险管控措施落实情况、管控效果及各类隐患的 **1 次扣 1 分**；组织人员、范围不符合要求 1 项扣 **0.5 分**，未制定工作方案 1 次扣 **0.2 分**，方案内容缺 1 项扣 **0.2 分**

续表

第 7 部分　事故隐患排查治理	
基 本 要 求	评 分 方 法
2. 矿分管采掘、机电运输、通风、地测防治水、冲击地压防治等工作的负责人每半月组织相关人员对覆盖分管范围的重大安全风险管控措施落实情况、管控效果和事故隐患至少开展1次排查	查现场和资料。未组织排查重大安全风险管控措施落实情况、管控效果及各类隐患的不得分；组织人员、范围、周期不符合要求1项扣1分
4. 生产期间，每天安排管理、技术和安检人员进行巡查，对作业区域开展事故隐患排查	查现场和资料。未安排不得分，人员、范围、周期不符合要求1项扣0.2分
5. 岗位作业人员作业过程中随时排查事故隐患	查现场和资料。抽查班组隐患台账，未排查扣1班次0.1分
登记上报	
1. 建立事故隐患排查台账，逐项登记内部排查和外部检查的事故隐患 2. 排查发现重大事故隐患后，及时向当地煤矿安全监管监察部门书面报告，并建立重大事故隐患信息档案	查资料。未建立台账不得分，登记不全缺1条扣0.2分 查资料。不符合要求不得分
三、事故隐患治理	
分级治理	
2. 不能立即治理完成的事故隐患，明确治理责任单位（责任人）、治理措施、资金、时限，并组织实施 3. 能够立即治理完成的事故隐患，当班采取措施，及时治理消除，并记入班组隐患台账	查现场和资料。未按要求组织实施1处扣0.5分 查现场和资料。当班未采取措施或未及时治理不得分，未建立台账每班扣1分，台账记录不全1处扣0.2分
1. 重大事故隐患由矿长按照责任、措施、资金、时限、预案“五落实”的原则，组织制定专项治理方案，并组织实施；治理方案按规定及时上报	查现场和资料。组织者不符合要求或未按方案组织实施不得分，治理方案未及时上报扣2分

续表

第 2 部分　安全基础管理	
基本要求	评分方法
矿分管负责人每半月组织相关人员对覆盖分管范围的重大安全风险管控措施落实情况、管控效果和事故隐患至少开展 1 次排查	查现场和资料。未组织排查重大安全风险管控措施落实情况、管控效果及各类隐患的**1 次扣 1 分**；组织人员、范围不符合要求 1 项扣**0.2 分**
生产期间，每天安排管理、技术和安检人员进行巡查，对作业区域开展事故隐患排查	查现场。未安排**1 次扣 1 分**，人员、范围、周期不符合要求 1 项扣 0.2 分
岗位作业人员作业过程中随时排查事故隐患	查现场。**现场检查发现隐患，作业人员未发现、未处理 1 处扣 0.2 分**
登记上报	
建立隐患排查治理台账，登记内部排查和外部检查的事故隐患；排查发现重大事故隐患后，及时向当地煤矿安全监管监察部门书面报告，并建立重大事故隐患信息档案	查资料。未建立台账不得分；登记不全缺 1 条扣 0.2 分。**重大事故隐患未按要求上报、建立信息档案 1 次扣 0.5 分**
事故隐患治理	
分级治理	
对排查出的事故隐患进行分级，能立即治理完成的事故隐患，当班采取措施及时治理消除；**当班未完成整改的隐患，要告知下一班治理消除；**不能立即治理完成的事故隐患，**采取临时管控措施，按照事故隐患等级明确相应层级的单位（部门）、人员负责治理、验收**	查现场和资料。**未对事故隐患进行分级扣 0.5 分；事故隐患分级不准确扣 0.1 分；责任单位和人员不明确 1 项扣 0.1 分；未按要求组织实施 1 处扣 0.2 分**
重大事故隐患由矿长按照责任、措施、资金、时限、预案“五落实”的原则，组织制定专项治理方案并组织实施；治理方案按规定及时上报	查现场和资料。组织者不符合要求或未按方案组织实施不得分，治理方案未及时上报**1 次扣 0.5 分**

续表

第 7 部分　事故隐患排查治理	
基 本 要 求	评 分 方 法
安全措施	
2. 对治理过程危险性较大的事故隐患（指可能危及治理人员及接近治理区人员安全，如爆炸、人员坠落、坠物、冒顶、电击、机械伤人等），应制定现场处置方案，治理过程中现场有专人指挥，并设置警示标识；安检员现场监督	查现场和资料。无处置方案或现场没有专人指挥不得分，未设置警示标识扣 1 分，没有安检员监督扣 1 分
验收销号	
1. 煤矿自行排查发现的事故隐患完成治理后，由验收责任单位（部门）或人员负责验收，验收合格后予以销号	查现场和资料。未进行验收不得分，验收单位或人员不符合要求 1 次扣 1 分，验收不合格即销号的不得分
2. 负有煤矿安全监管职责的部门和煤矿安全监察机构检查发现的事故隐患，完成治理后，书面报告发现部门或其委托部门（单位）	查现场和资料。未按规定报告不得分
五、保障措施	
信息管理	
采用信息化管理手段，实现对事故隐患排查治理记录统计、过程跟踪、逾期报警、信息上报的信息化管理	查现场和资料。未采取信息化手段不得分，管理内容缺 1 项扣 1 分
四、监督管理	
1. 每月向从业人员通报事故隐患分布、治理进展情况； 2. 及时在行人井口（露天煤矿交接班室）或其他显著位置公示重大事故隐患的地点、主要内容、治理时限、责任人、停产停工范围；	查现场和资料。未定期通报或未及时公示扣 1 分，通报和公示内容缺 1 项扣 0.5 分
四、监督管理	
3. 建立事故隐患举报奖励制度，公布事故隐患举报联系方式，接受从业人员和社会监督	未设立举报联系方式扣 1 分，接到举报未核查或核实后未进行奖励扣 2 分

续表

第 2 部分　安全基础管理	
基 本 要 求	评 分 方 法
安全措施	
对治理过程危险性较大、可能危及治理人员及接近治理区人员安全**的事故隐患**（如爆炸、人员坠落、坠物、冒顶、电击、机械伤人等），应制定**并落实安全技术措施**，现场设置警示标识	查现场和资料。**无安全技术措施 1 次扣 1 分**，未设置警示标识扣 **0.5** 分，**措施落实不到位 1 处扣 0.2 分**
验收销号	
煤矿自行排查发现的事故隐患完成治理后，由验收责任单位（部门）或人员负责验收，合格后予以销号；**煤矿安全监管监察机构和上级公司**检查发现的事故隐患，完成治理后，**按要求**报告发现部门或其委托部门（单位）	查现场和资料。未进行验收、**验收不合格即销号**不得分，验收单位或人员不符合要求 1 次扣 **0.2 分**，**治理完成验收滞后超过 3 天 1 次扣 0.2 分**，未按规定报告不得分
保障措施	
信息管理	
采用信息化管理手段，实现对事故隐患登记录入、过程跟踪、逾期报警、**验收销号**、信息上报等信息化**闭合**管理	查现场。未实现信息化管理不得分，功能缺 1 项扣 **0.5 分**；**应用不到位 1 次扣 0.2 分**
公示公告	
井工煤矿在行人井口**和存在重大事故隐患的区域**，露天煤矿在显著位置公示重大事故隐患的地点、主要内容、治理时限、责任人	查现场。**未公示不得分，公示位置不符合要求扣 0.5 分**，公示内容缺 1 项扣 **0.2 分**
举报监督	
公布事故隐患举报联系方式，接受从业人员和社会监督	查现场。未公布举报联系方式扣 **0.2** 分，接到举报未核查或核实后未奖励扣 0.5 分

续表

第7部分　事故隐患排查治理	
基本要求	评分方法
五、保障措施	
矿长每月组织召开事故隐患治理会议，对事故隐患的治理情况进行通报，分析重大安全风险管控情况、事故隐患产生的原因，编制月度统计分析报告，布置月度安全风险管控重点，提出预防事故隐患的措施	查资料。未召开会议定期通报或未编制报告不得分，报告内容不符合要求1处扣0.5分；对照上月分析报告，随机抽考科室负责人、区（队）长各1人，1人不清楚隐患成因和预防隐患出现的措施扣1分
第9部分　持续改进	
检查评价	
每季度对内部自查自评和外部检查考核的结果进行总结，归纳分析问题或隐患产生的根源，制定改进措施并落实	查资料。总结缺1次扣4分；未归纳分析或制定改进措施1次扣2分；措施1条未落实扣1分
持续改进	
1. 每年底由煤矿矿长组织对标准化管理体系的运行质量进行客观分析，衡量规章制度、规程措施的有效性，形成体系运行分析报告。分析工作的依据应包含但不限于以下方面： (1) 安全生产目标考核结果； (2) 安全承诺考核结果； (3) 安全生产责任制考核结果； (4) 标准化内部自查和外部检查考核情况； (5) 国家政策、法规、标准变化调整情况； (6) 年度风险辨识结果及全年重大风险管控情况； (7) 职工诉求； (8) 本矿生产安全事故情况	查资料。矿长未组织或未分析不得分；未形成报告扣8分；分析报告不符合实际扣5分；缺1项依据扣2分

续表

第 2 部分　安全基础管理	
基本要求	评分方法
分析总结	
矿长每月组织召开事故隐患治理会议，对事故隐患的治理情况进行通报，分析重大安全风险管控情况、归纳事故隐患产生的原因，布置月度安全风险管控重点，提出预防事故隐患的改进措施，并形成月度统计分析报告	查资料。未召开会议定期通报或未形成报告不得分，报告内容不符合要求或措施不落实 1 处扣 0.5 分
七、持续改进	
自查自评	
每季度至少组织开展一次全面的自查自评，对内部和外部检查的问题进行总结分析，提出改进措施并落实	查现场和资料。未开展季度自查自评不得分;总结分析缺 1 次扣 1 分;自查自评未覆盖所有部分和专业管理缺 1 项扣 1 分,未制定或落实改进措施 1 次扣 0.5 分
改进提升	
根据安全目标完成情况、安全生产责任制落实情况、标准化内部自查和外部检查考核情况、年度风险辨识结果及重大风险管控情况、年度重大事故隐患排查整改情况、本矿生产安全事故情况，每年底由矿长组织对标准化管理体系的运行质量进行分析，形成分析报告，对报告提出的改进措施，明确责任人及完成时限	查现场和资料。矿长未组织分析或未形成报告不得分；报告内容缺 1 项扣 1 分；内容与实际不符 1 项扣 0.5 分；其他不符合要求 1 项扣 0.2 分
附加项	
技能人才和机构设置	
1. 考核期内，从业人员获得省部级及以上技能大师称号； 2. 设置专门的安全生产标准化管理机构	查现场和资料。每人次加 1 分，设置专门机构加 1 分，最高加 2 分

第 3 部分　重大灾害防治

3.1　井工煤矿重大灾害防治

一、工作要求

1. 隐蔽致灾因素普查

通过全面普查、补充探查，查清各类隐蔽致灾因素，提出治理方案，指导灾害治理规划编制；通过月度动态排查，指导采掘地质等相关预报编制，提高治理措施的针对性。

2. 灾害治理规划及计划

依据矿井中长期采掘规划、隐蔽致灾因素普查报告和矿井灾害严重程度编制相应的灾害治理中长期规划，明确灾害治理模式、治理方案、工程开竣工时间，并组织实施。年度针对重点采掘工作面编制灾害治理方案及措施并严格执行。

3. 灾害防治措施

（1）防治煤与瓦斯突出。建立健全突出防治相关制度并严格落实，规范开展瓦斯基础参数测定，科学指导防突措施制定，严格执行两个“四位一体”综合防突措施，不发生煤与瓦斯突出事故。

（2）实施抽采达标。建立健全抽采瓦斯管理及验收相关制度并严格落实，高瓦斯、煤与瓦斯突出矿井按规定建立抽采瓦斯系统，抽采瓦斯安全装置及设施齐全完好；编制抽采瓦斯工程设计并严格执行，实现抽采达标。

（3）防治煤尘爆炸。建立健全防治煤尘爆炸制度，制定安全技术措施并落实。规范设置隔爆设施，加强日常检查维护，不发生煤尘爆炸事故。

（4）防治火灾事故。建立健全防灭火管理制度，编制矿井防灭火专项设计并严格执行，按规定开展相关参数及指标考察，加强防火监测监控，规范高分子材料使用，严格落实井下动火作业规定，不发生火灾事故。

（5）防治水害事故。建立健全水害防治管理制度，实行“三区”管理，根据矿井实际水害类型开展有针对性的防治措施，制定防治水方案和施工安全技术措施并严格执行，加强施工过程管控，严格效果评价，建立水害监测预警系统，不发生透水事故。

（6）防治冲击地压。建立健全防治冲击地压管理制度，采取冲击危险性预测、区域防范、监测预警、局部治理、效果检验、安全防护综合措施，措施在现场有效落实，不发生冲击地压事故。

二、评分方法

1. 存在重大事故隐患的，本部分不得分。

2. 按表 3.1 评分，总分为 100 分。按照所检查问题进行扣分，各小项分数扣完为止；“评分表”中“项目内容”缺项不得分，采用式（1）计算：

$$A=\frac{100}{100-B}\times C \tag{1}$$

式中 A——重大灾害防治部分实得分数；

B——缺项标准分值；

C——项目内容检查得分数。

3. 附加项评分

符合要求的得分，不符合要求的不得分也不扣分。附加项得分计入本部分总得分，最多加 2 分。

续表

基 本 要 求	评 分 方 法
一、基础工作	
致灾因素普查与地质类型划分	
1. 按规定查明影响煤矿安全生产的各种隐蔽致灾地质因素； 2. 按"就高不就低"原则划分煤矿地质类型，出现影响煤矿地质类型划分的突水和煤与瓦斯突出等地质条件变化时，在1年内重新进行地质类型划分	查资料。矿井隐蔽致灾地质因素普查报告内容不全面，缺1项扣2分；普查方法不当扣1分；未按原则划分煤矿地质类型扣3分；未及时划分煤矿地质类型不得分

续表

3.1 井工煤矿重大灾害防治	
基 本 要 求	评 分 方 法
一、隐蔽致灾因素普查	
隐蔽致灾因素普查	
全面普查：煤矿围绕未来 3 ~ 5 年采掘接续规划，每 3 年开展 1 次隐蔽致灾因素普查，查明各类灾害类型、影响范围及程度，编制普查报告，提出治理方案，建立管理台账	查资料。未编制普查报告不得分；普查内容、要求不符合规定 1 项扣 0.5 分；治理方案未落实 1 项扣 2 分；其他不符合要求 1 项扣 0.5 分
补充探查：隐蔽致灾因素未查明的，应进行补充地质勘探	查资料。未按规定采取补充探查措施 1 处扣 1 分
动态排查：煤矿总工程师每月根据月度采掘生产计划开展 1 次隐蔽致灾因素动态排查，建立排查清单，排查出的隐蔽致灾因素作为编制月度地质等预报的依据	查资料。未开展动态排查 1 次扣 1 分；其他不符合要求 1 项扣 0.5 分
二、灾害治理规划及计划	
灾害治理中长期规划和年度计划	
治理规划编制与实施：煤矿根据矿井中长期采掘接续计划和查明的隐蔽致灾因素情况，按规定编制灾害治理 3 ~ 5 年中长期规划，明确重大灾害治理时间节点、灾害治理工程量、开工及竣工时间；因安全生产条件变化确需调整规划的按原规定报批	查现场和资料。未编制灾害治理规划不得分；缺 1 项扣 2 分。灾害治理工程未组织实施 1 项扣 1 分；其他不符合要求 1 处扣 0.3 分
年度计划编制与执行： 1. 矿长每年底根据灾害治理中长期规划和年度采掘计划，按规定组织编制下一年灾害治理年度计划，内容包括矿井重大灾害治理及采掘工作面灾害治理方案，明确灾害治理范围、措施、工程量、起止时间、序时进度和预期效果； 2. 煤矿总工程师每季度组织对灾害治理方案及措施落实情况、治理效果进行检查分析，动态补充完善治理措施；矿长每年底组织对灾害治理方案及措施执行情况进行总结，分析落实过程中存在问题和影响因素，提出改进措施，为下一年度灾害治理提供依据	查现场和资料。未编制年度灾害治理计划不得分；内容缺项 1 处扣 0.3 分；治理措施未落实 1 处扣 1 分；未总结分析扣 1 分；其他不符合要求 1 处扣 0.2 分

续表

基 本 要 求	评 分 方 法
五、突出防治	
3. 有采掘工作面瓦斯地质图、防突预测图、预抽煤层瓦斯区域防突措施竣工图和在突出煤层顶、底板掘进岩巷时地质预测巷道剖面图，各类图纸绘制修改及内容符合《防治煤与瓦斯突出细则》要求	查现场。不符合要求 1 处扣 2 分
1. 编制矿井及井巷揭穿突出煤层的防突专项设计和所有区域防突措施的设计，经企业技术负责人审批，新水平、新采区设计有防突设计篇章，并严格执行	查现场和资料。未编审设计不得分；执行不严格 1 处扣 15 分
1. 避难硐室、反向风门、压风自救装置、隔离式自救器、远距离爆破等安全防护措施符合《防治煤与瓦斯突出细则》要求	查现场。不符合要求 1 处扣 2 分

续表

3.1　井工煤矿重大灾害防治	
基本要求	评分方法
三、灾害防治措施	
防治煤与瓦斯突出	
制度保障：突出矿井建立通风瓦斯日分析制度，综合防突措施审批、实施、检查、验收制度，预抽钻孔核查分析制度	查现场和资料。未建立制度1项扣1分；内容不符合要求1处扣0.2，制度未落实1处扣0.3分
基础管理： 1. 按规定测定煤层瓦斯压力及含量等基础参数； 2. 对保护层开采效果及有效保护范围、预抽钻孔有效抽采半径等进行实际考察确定； 3. 突出煤层采掘工作面及井巷揭煤编制防突预测图	查资料。基础参数未按规定测定1项扣1分，技术参数未实际考察1处扣0.5分；其他不符合要求1处扣0.3分
防突预测： 1. 按规定开展区域预测、工作面预测（区域验证），预测钻孔数量、控制范围符合规定； 2. 现场标记锁定防突预测实施点，确定允许最小超前距，悬挂防突预测牌板	查现场。未按要求进行防突预测不得分；其他不符合要求1处扣0.5分
防突措施： 1. 突出煤层采掘工作面、井巷揭煤按规定编制防突专项设计措施，并严格执行； 2. 近突出煤层岩巷掘进按规定采取超前探煤措施，并绘制巷道剖面图； 3. 地质探查和防突措施超前距符合要求	查现场和资料。设计措施未编制或未执行不得分；编制不符合规定或内容缺项1处扣0.3分；执行不严格1处扣0.5分。未按规定前探和控层1处扣1分；其他符合规定1项扣0.2分
效果检验： 1. 区域防突措施效果检验首选实测最大残余瓦斯含量作为检验指标，检验钻孔设计施工符合要求； 2. 工作面防突措施效果检验钻孔数量、位置、间距、深度符合规定，在地质构造复杂地带适当增加检验钻孔	查现场和资料。未实测指标不得分；其他不符合要求1处扣0.5分
安全防护：突出煤层中进行采掘作业时，避难硐室、反向风门、压风自救装置、隔离式自救器、远距离爆破符合规定	查现场。不符合规定1处扣0.5分

续表

基本要求	评分方法
六、瓦斯抽采	
1. 瓦斯抽采设施、抽采泵站符合《煤矿安全规程》要求	查现场和资料。不符合要求1处扣5分
2. 编制瓦斯抽采工程（包括钻场、钻孔、管路、抽采巷等）设计，并按设计施工	查现场和资料。不符合要求1处扣5分
3. 抽采钻场及钻孔设置管理牌板，数据填写及时、准确，有记录和台账	查现场和资料。不符合要求1处扣0.5分
2. 井上下敷设的瓦斯管路，不得与带电物体接触并应当有防止砸坏管路的措施；每10天至少检查1次抽采管路系统，并有记录；抽采管路无破损、无漏气、无积水，抽采管路离地面高度不小于0.3 m（采空区留管除外）	查现场和资料。管路损坏或者与带电物体接触不得分；其他不符合要求1处扣1分
4. 高瓦斯、煤与瓦斯突出矿井及时进行瓦斯抽采达标评判，保持抽采达标煤量符合准备煤量、回采煤量的可采期要求	查资料。达标煤量不足、可采期不够不得分，其他不符合要求1处扣3分
九、粉尘防治	
按《煤矿安全规程》规定鉴定煤尘爆炸性；制定年度综合防尘、预防和隔绝煤尘爆炸措施，并组织实施	查现场和资料。未鉴定或者无措施不得分；其他不符合要求1处扣2分
按《煤矿安全规程》规定鉴定煤尘爆炸性；制定年度综合防尘、预防和隔绝煤尘爆炸措施，并组织实施	查现场和资料。未鉴定或者无措施不得分；其他不符合要求1处扣2分
3. 按《煤矿安全规程》要求安设隔爆设施，且每周至少检查1次，隔爆设施安装的地点、数量、水量或者岩粉量及安装质量符合AQ 1020规定	查现场和资料。未设隔爆设施，1处扣5分；其他不符合要求1处扣2分

续表

3.1 井工煤矿重大灾害防治	
基本要求	评分方法
瓦斯抽采	
制度保障：建立抽采瓦斯管理制度、抽采工程检查验收制度，并严格执行	查现场和资料。未建立制度 1 项扣 1 分；内容不符合要求 1 项扣 0.2 分；制度未落实 1 处扣 0.3 分
基础管理： 1. 高瓦斯、突出矿井按规定建立抽采瓦斯系统，抽采瓦斯安全设施及装置符合规定； 2. 高瓦斯矿井按规定测定煤层瓦斯含量、瓦斯压力和抽采半径等参数	查现场。未按规定建立抽采瓦斯系统不得分；其他不符合要求 1 处扣 0.3 分
抽采工程： 1. 高瓦斯、突出矿井按规定编制抽采瓦斯工程（瓦斯治理巷道、抽采钻场和钻孔工程、管网工程等）设计方案并实施； 2. 抽采钻场及钻孔设置管理牌板；预抽瓦斯穿层钻孔封孔段长度不小于 5 m，顺层钻孔封孔长度不小于 8 m； 3. 井上下敷设的瓦斯管路，不得与带电物体接触并有防止砸坏管路的措施	查现场和资料。未编制抽采工程设计不得分，未按设计执行 1 处扣 0.5 分；瓦斯管路与带电物体接触 1 处扣 1 分；其他不符合要求 1 处扣 0.2 分
抽采达标：工作面采掘作业前按规定编制抽采瓦斯达标评判报告，抽采达标后方可进行采掘作业	查资料。未达标仍进行采掘作业不得分，未编制评判报告 1 处扣 1 分，内容不符合规定 1 处扣 0.2 分
防治煤尘爆炸	
制度保障：建立防治煤尘爆炸制度，制定综合防尘措施、预防和隔绝煤尘爆炸措施，并组织实施	查现场和资料。未建立制度和措施 1 项扣 1 分；内容不符合要求 1 项扣 0.2 分；未落实 1 处扣 0.3 分
基础管理：生产矿井每延深一个新水平，进行 1 次煤尘爆炸性鉴定工作；杜绝煤尘积聚（厚度超过 2 mm，连续长度超过 5 m）	查现场和资料。未按要求进行鉴定或煤尘积聚不得分
安全防护：按规定设置隔爆设施，安装质量、数量等符合相关规定，并每周至少检查 1 次	查现场和资料。未按要求安装隔爆设施 1 处扣 0.5 分；其他不符合要求 1 处扣 0.2 分

续表

基本要求	评分方法
八、防灭火	
1. 按《煤矿安全规程》规定进行煤层的自燃倾向性鉴定，制定矿井防灭火措施，建立防灭火系统，并严格执行	查现场和资料。未鉴定不得分，其他不符合要求1处扣5分
4. 开采容易自燃和自燃煤层，确定煤层自然发火标志气体及临界值，开展自然发火预测预报工作，建立监测系统；在矿井防止自然发火设计中明确选定自然发火观测站或者观测点，每周进行1次观测分析；发现异常，立即采取措施处理	查现场和资料。无监测系统不得分，1处预测预报不符合要求扣5分，其他不符合要求1处扣2分
1. 按《煤矿安全规程》规定设置井上、下消防材料库，配足消防器材，且每季度至少检查1次	查现场和资料。缺消防材料库不得分，其他不符合要求1处扣1分
1. 按《煤矿安全规程》规定进行煤层的自燃倾向性鉴定，制定矿井防灭火措施，建立防灭火系统，并严格执行	查现场和资料。未鉴定不得分，其他不符合要求1处扣5分
3. 井下易燃物存放符合规定，进行电焊、气焊和喷灯焊接等作业符合《煤矿安全规程》规定，每次焊接制定安全措施，经矿长批准，并严格执行	查现场和资料。不符合要求1处扣2分

续表

3.1 井工煤矿重大灾害防治	
基本要求	评分方法
防治火灾事故	
制度保障：建立防灭火管理制度，开采容易自燃和自燃煤层的矿井，编制矿井防灭火专项设计并严格执行	查现场和资料。未建立制度和措施1项扣1分；内容不符合要求1项扣0.2分；未落实1处扣0.3分
基础管理： 1. 按规定进行煤层自燃倾向性鉴定，确定煤层最短自然发火期、自然发火标志气体及临界值； 2. 开采容易自燃和自燃煤层，同一煤层至少测定1次采煤工作面采空区自然发火“三带”分布范围，当采煤工作面采煤方法、通风方式等发生重大变化时，应当重新测定； 3. 按规定配备消防器材，井上下设置消防材料库	查现场和资料。未进行鉴定、未测定分布范围不得分；无消防材料库不得分，其他不符合要求1处扣0.5分
监测监控：开采容易自燃和自燃煤层的矿井，必须建立自然发火监测系统，采用连续自动或者人工采样方式，监测甲烷、一氧化碳、二氧化碳、氧气气体成分变化，按规定设置一氧化碳和温度传感器	查现场。未建立监测系统不得分，未按规定设置传感器1处扣1分；其他不符合要求1处扣0.5分
内因火灾防治： 1. 开采自燃、容易自燃的煤层，按规定编制防止自然发火的技术措施，并严格执行； 2. 开采容易自燃和自燃煤层矿井，封闭采空区构筑不少于2道永久密闭墙，墙体中间采用不燃性材料进行充填。编制密闭施工设计及专项技术措施，封闭采空区每周1次抽取气样进行分析，并监测温度及采空区内外压差	查现场和资料。未编制防止自然发火的技术措施1处扣1分；措施未落实1处扣0.5分；封闭采空区构筑永久密闭墙不足2道不得分；其他不符合要求1处扣0.3分
外因火灾防治： 1. 井下反应型高分子材料使用前对其安全性进行评估，并制定专项安全措施； 2. 井下和井口房内不得进行电焊、气焊和喷灯焊接等动火作业。如果必须在井下主要硐室、主要进风井巷和井口房内进行电焊、气焊和喷灯焊接等动火作业，每次要制定安全措施，经矿长批准	查现场和资料。安全性未评估不得分；使用反应型高分子材料未编制措施或违规动火不得分；措施未落实1处扣1分；其他不符合要求1处扣0.5分

续表

基 本 要 求	评 分 方 法
煤矿防治水	
1. 按《煤矿防治水细则》要求进行水文地质观测； 2. 开展水文地质类型划分工作，发生较大及以上水害事故或者因突水造成采掘区域或矿井被淹的，恢复生产前应重新确定； 3. 对井田范围内及周边矿井采空区位置和积水情况进行调查分析并做好记录，制定相应的安全技术措施，对受老空水影响的煤层按规定划分可采区、缓采区、禁采区； 4. 按照《煤矿防治水细则》要求进行矿井水文地质补充勘探，有可靠的安全技术措施，按规定编制补充勘探设计，有补充勘探报告和相关成果，由企业总工程师对设计进行审批、对报告和成果组织评审； 5. 按《煤矿防治水细则》要求建立健全水害防治技术管理制度、水害隐患排查治理制度、探放水制度、重大水患停产撤人制度	查现场和资料。水文地质观测不符合规定 1 处扣 2 分；未及时划分水文地质类型扣 5 分；积水区未按要求标识 1 处扣 2 分；未制定措施或未按要求划分区域扣 5 分；未按要求补充勘探 1 项扣 10 分；无补勘设计和勘探成果、未按规定审批或未组织评审 1 项扣 10 分；施工结果与设计偏差较大而未采取措施 1 处扣 5 分；设计内容不全 1 处扣 1 分，施工工程质量未达到设计目的 1 次扣 2 分；成果或总结内容不全 1 处扣 0.5 分；制度缺 1 项扣 3 分，不完善 1 处扣 1 分；其他不符合要求 1 处扣 1 分
1. 按《煤矿防治水细则》要求进行水文地质观测； 2. 开展水文地质类型划分工作，发生较大及以上水害事故或者因突水造成采掘区域或矿井被淹的，恢复生产前应重新确定； 3. 对井田范围内及周边矿井采空区位置和积水情况进行调查分析并做好记录，制定相应的安全技术措施，对受老空水影响的煤层按规定划分可采区、缓采区、禁采区；	查现场和资料。水文地质观测不符合规定 1 处扣 2 分；未及时划分水文地质类型扣 5 分；积水区未按要求标识 1 处扣 2 分；未制定措施或未按要求划分区域扣 5 分；未按要求补充勘探 1 项扣 10 分；无补勘设计和勘探成果、未按规定审批或未组织评审 1 项扣 10 分；施工结果与设计偏差较大而未采取措施 1 处扣 5 分；设计

续表

3.1 井工煤矿重大灾害防治	
基本要求	评分方法
防治水害事故	
制度保障： **建立**水害防治技术管理、**水害预测预报、**水害隐患排查治理、探放水、重大水患停产撤人**及应急处置等**制度	查资料。**缺1项制度扣0.5分；制度不完善1处扣0.2分**
基础管理： **1. 按规定编制水文地质类型报告、煤矿防治水“三区”管理报告，防治水“三区”转换符合规定；** **2. 按规定开展**水文地质补充勘探； 3. 矿井、采区、工作面防排水系统健全完善，能力满足相关规定要求； 4. 防治水工程实施前编制设计方案和施工安全技术措施，按程序审批，**工程施工现场管理规范，并建立施工原始记录，**工程结束后提交验收报告及总结报告； **5. 井下探放水严禁使用锚杆机、煤电钻等非专用钻机**	查现场和资料。**未按规定编制水文地质类型报告、“三区”管理报告、补充勘探设计、补勘报告和相关成果，矿井、采区防排水系统达不到要求的不得分；工程施工前未编制方案或措施、施工中缺少原始记录、结束后未提交验收报告及总结报告的扣2分；工作面防排水能力不足、现场施工不符合设计要求的1处扣0.5分；其他不符合要求1处扣0.1分；井下探放水使用非专用钻机的不得分**

续表

煤矿防治水	
基 本 要 求	评 分 方 法
4. 按照《煤矿防治水细则》要求进行矿井水文地质补充勘探，有可靠的安全技术措施，按规定编制补充勘探设计，有补充勘探报告和相关成果，由企业总工程师对设计进行审批、对报告和成果组织评审； 5. 按《煤矿防治水细则》要求建立健全水害防治技术管理制度、水害隐患排查治理制度、探放水制度、重大水患停产撤人制度	内容不全1处扣1分，施工工程质量未达到设计目的1次扣2分；成果或总结内容不全1处扣0.5分；制度缺1项扣3分，不完善1处扣1分；其他不符合要求1处扣1分
1. 矿井、采区、工作面防排水系统健全完善，能力满足相关规定要求； 2. 建立地下水动态监测系统，受底板承压水威胁的水文地质类型复杂、极复杂矿井，还应建立突水监测预警系统	查现场和资料。防排水系统达不到规定要求不得分；未按规定建立监测系统不得分，1个系统运行不正常扣5分
1. 井上、下各项防治水工程按照《煤矿防治水细则》要求编制设计方案和施工安全技术措施，并按程序审批，工程结束提交验收报告及总结报告； 2. 按规定编制探放水设计与专项措施；井下探放水执行“三专两探一撤”的要求； 3. 探放水工程有包含单孔设计的专项设计； 4. 对井田内井下和地面的所有水文钻孔每半年进行1次全面排查，记录详细； 5. 按规定落实地面防治水与井下防水工程要求；防水煤柱留设按规定程序审批；防水闸门与防水闸墙按要求设计、施工、竣工验收； 6. 制定并严格执行雨季“三防”措施、水害应急专项预案和现场处置方案	查现场和资料。各类防治水工程设计及措施不完善扣5分，未经审批扣3分；验收、总结报告内容不全1处扣1分；未执行“三专两探一撤”的要求扣10分，单孔设计未达到要求扣3分；定期排查分析记录缺1次扣2分；防水煤柱未按规定程序审批扣3分；未执行雨季“三防”措施扣2分；其他不符合要求1处扣1分

续表

3.1　井工煤矿重大灾害防治	
基 本 要 求	评 分 方 法

续表

基 本 要 求	评 分 方 法

续表

3.1 井工煤矿重大灾害防治	
基 本 要 求	评 分 方 法
水害探查治理： **1.** 地表水：开采范围内存在影响安全生产的地表水体，应当建立地面防排水系统；井口和工业场地内建筑物的地面标高低于当地历史最高洪水位的，应当采取可靠的防御措施；雨季前必须对防治水工作进行全面检查，制定雨季防治水措施，建立雨季巡视制度； **2.** 顶板水：煤层顶板导水裂隙带范围内的含水层或者其他水体影响安全生产时，应当实测垮落带、导水裂隙带发育高度，进行专项设计，制定治理方案并实施；受离层水威胁的矿井，应当采取地面抽泄或井下反向疏放等措施消除威胁； **3.** 底板水：底板承压含水层与开采煤层之间的隔水层能够承受的水头值大于实际水头值的区域，应当制定专项措施报企业技术负责人审批；隔水层能够承受的水头值小于实际水头值时，根据矿井实际情况选择性采取超前区域治理、注浆加固底板改造含水层、疏水降压、充填开采等措施进行治理；煤层底板存在高承压岩溶含水层采用区域治理方法的，应当制定区域治理设计方案，报企业技术负责人审批； **4.** 老空水：矿井应查明采掘影响区域内老空分布范围及积水情况，情况不明的区域应当采取综合技术手段进行探查，探查后应当制定矿井老空水害评价报告和老空水防治方案	查现场和资料。 **1.** 地表水：未建立地面防排水系统、井口等地面标高低于历史最高洪水位未采取可靠防御措施的扣 **1** 分；雨季前未开展全面检查或缺雨季防治水措施和雨季巡查制度的扣 **0.5** 分；其他不符合要求 **1** 处扣 **0.1** 分； **2.** 顶板水：未实测垮落带、导水裂隙带发育高度的扣 **2** 分；未制定专项设计、治理方案或措施的 **1** 项扣 **1** 分，设计方案、措施内容不全或执行不到位 **1** 处扣 **0.1** 分； **3.** 底板水：未制定专项措施或治理方案的扣 **2** 分，措施或方案未按规定审批或执行不到位 **1** 次扣 **0.2** 分，其他不符合要求 **1** 处扣 **0.1** 分； **4.** 老空水：老空分布范围及积水情况不明的区域未采取手段进行探查的扣 **2** 分，探查后未编制矿井老空水害评价报告和老空水防治方案的扣 **1** 分，其他不符合要求 **1** 处扣 **0.1** 分
效果评价： **1.** 底板承压水注浆加固底板、改造含水层或者区域治理工程结束后，对工程效果做出结论性评价，提交竣工报告，由企业技术负责人组织验收，采掘施工前采用物探、钻探等方法进行效果验证； **2.** 老空水探放结束后，对比放水量与预计积水量，采用钻探、物探方法对放水效果进行验证，下达允许掘进通知书，严禁超掘超采	查现场和资料。底板承压水治理结束后未提交竣工报告或效果评价报告、未按规定对底板承压水治理效果进行验证、未对老空水探放效果进行验证的扣 **1** 分，未下发允许掘进通知书 **1** 次扣 **1** 分；巷道超掘不得分；其他不符合要求 **1** 处扣 **0.1** 分

续表

基 本 要 求	评 分 方 法
1. 矿井、采区、工作面防排水系统健全完善，能力满足相关规定要求； 2. 建立地下水动态监测系统，受底板承压水威胁的水文地质类型复杂、极复杂矿井，还应建立突水监测预警系统	查现场和资料。防排水系统达不到规定要求不得分；未按规定建立监测系统不得分，1 个系统运行不正常扣 5 分
煤矿防治冲击地压	
1. 建立冲击地压防治安全技术管理制度、冲击地压防治培训制度、冲击地压事故报告制度，建立实时预警、处置调度和处理结果反馈制度； 2. 冲击地压矿井每周召开 1 次防冲分析会，防冲技术人员每天对防冲工作分析 1 次	查现场和资料。制度不全缺 1 项扣 2 分；其他不符合要求 1 处扣 1 分
1. 按规定进行煤岩层冲击倾向性鉴定，开采具有冲击倾向性的煤层，应进行冲击危险性评价； 2. 冲击地压矿井应编制中长期防冲规划与年度防冲计划； 3. 按规定编制防冲专项设计，按程序进行审批； 4. 冲击危险性预警指标按规定审批； 5. 有冲击地压危险的采掘工作面有防冲安全技术措施并按规定及时审批	查资料。未鉴定或评价、未编制规划与计划、无专项设计或未确定预警指标不得分；防冲设计不符合规定 1 项扣 5 分，措施内容不全或不正确 1 处扣 2 分；无采掘安全技术措施 1 次扣 5 分；未按规定审批 1 次扣 3 分

续表

3.1 井工煤矿重大灾害防治	
基 本 要 求	评 分 方 法
监测预警： 建立地下水动态监测系统，受底板承压水威胁的水文地质类型复杂、极复杂的矿井，还应建立突水监测预警系统	查现场。未按规定建立监测系统的不得分，**系统运行不正常或预警后未分析处置的1次扣0.5分**
防治冲击地压	
制度保障： 1. 建立并落实冲击地压防治安全技术管理、**监测数据分析、预警处置、防冲**培训、事故报告、**危险区域人员准入等制度；** **2. 建立专业例会、防冲工程验收等制度**	查现场和资料。**未建立制度不得分；缺1项制度扣0.3分；落实不到位、其他不符合1处扣0.2分**
基础管理： 1. **开展煤层（岩层）**冲击倾向性鉴定、冲击危险性评价，编制防冲设计，按**规定**审批，**鉴定及评价结果报有关部门；冲击地压煤层开采应开展矿井、水平、采（盘）区、采掘工作面（含动压影响区域煤巷）冲击危险性评价、论证，编制防冲设计，审批后执行；巷道扩修（指卧底、挑顶、扩帮等）制定专门防冲措施；** **2. 根据矿井地质、开采技术条件因素，结合监测预警分析等进行冲击地压类型划分**	查现场和资料。**未开展鉴定评价、未编制防冲设计不得分；未开展冲击地压类型划分、论证、审批缺1项扣1分；危险区域漏评价、设计不落实1处扣0.3分；其他不符合1处扣0.2分**

续表

基本要求	评分方法
1. 建立冲击地压区域监测和局部监测系统，实时监测冲击危险性； 2. 区域监测系统应覆盖矿井所有采掘区域，局部监测应覆盖冲击地压危险区域的采掘地点和煤（半煤岩）巷道、硐室等地点，经评价有冲击危险的采掘工作面应安装应力在线监测系统； 3. 监测系统运行正常，出现故障时及时处理； 4. 按规定确定冲击危险性预警临界指标，监测指标发现异常时，应采用钻屑法及时进行现场验证	查现场和资料。未建立系统不得分；监测系统故障处理不及时 1 次扣 2 分；区域监测系统布置不合理 1 处扣 1 分；未确定冲击危险性临界指标扣 10 分，临界指标不符合矿井实际 1 次扣 5 分，发现异常未及时验证 1 次扣 3 分；其他不符合要求 1 处扣 1 分
冲击地压矿井开拓方式、采掘部署、开采顺序、煤柱留设、巷道布置、采煤工艺及开采保护层等符合规定；保护层采空区原则不留煤柱，留设煤柱时，按规定审批，并及时上图	查现场和资料。不符合要求 1 处扣 5 分
1. 钻机等各类装备满足矿井防冲工作需要； 2. 实施钻孔卸压时，钻孔孔深、孔径、孔距等参数应在设计中明确规定，并制定防止打钻诱发冲击伤人的安全防护措施； 3. 实施爆破卸压时，装药方式、装药长度、装药量、封孔长度以及连线方式、起爆方式等参数应在设计中明确规定，并制定安全防护措施； 4. 实施煤层预注水时，注水方式、注水压力、注水时间等应在设计中明确规定； 5. 有冲击地压危险的采掘工作面推进速度应在作业规程中明确规定并执行； 6. 冲击地压危险工作面实施解危措施后，应进行效果检验	查现场和资料。未制定或不落实防冲措施不得分；措施不完善或落实不到位 1 处扣 5 分；其他不符合要求 1 处扣 2 分

续表

3.1　井工煤矿重大灾害防治	
基 本 要 求	评 分 方 法
监测预警： 1. 建立区域、局部监测系统，传感器布置合理、运行正常； 2. 冲击危险区应至少采用 2 种局部监测方法，强冲击区应至少再增加一种局部监测（具备条件的优先采用钻屑监测），监测有效落实； 3. 冲击危险性预警临界指标经煤矿企业审批后执行；指标与实际动力显现不一致时，应重新修订、审批； 4. 每天结合地质、开采技术条件对监测数据进行综合分析，判定危险程度，编制日报，经防冲负责人和总工程师签审后告知相关单位和人员； 5. 监测达到或超过预警临界指标时，应按规定实施解危，经效果检验无危险后方可作业	查现场和资料。未建立监测系统、预警未处置或处置后未检验不得分；局部监测方法不全、无临界指标扣 1.5 分；布置不合理、未审批 1 项扣 1 分；临界指标不符合实际、未修订扣 0.5 分；故障处理不及时、其他不符合规定 1 处扣 0.2 分
防治措施： 1. 选择合理的开拓方式、采掘部署、巷道布置、开采顺序、煤柱留设、采煤方法、采煤工艺及开采保护层等区域措施； 2. 具备开采保护层条件的应优先开采保护层，强冲击煤层及冲击煤层强冲击采区、工作面具备开采保护层条件的必须先开采保护层； 3. 大巷（开拓、准备）、永久硐室（永久硐室指井底硐室、采区硐室等）布置符合规定，大巷在严重冲击地压煤层中，永久硐室在冲击地压煤层中应进行安全性论证； 4. 冲击地压煤层应当严格按顺序开采，不得留孤岛煤柱；采空区内不得留有煤柱，如果特殊情况必须在采空区留有煤柱时，应当进行安全性论证，报企业技术负责人审批并上图； 5. 工作面区段煤柱应优先选择无煤柱、小煤柱，采用大煤柱时应避开应力峰值区，煤柱大小应分析、明确； 6. 冲击地压采掘工作面（扩修作业）采动时空关系符合规定； 7. 工作面防冲设计应根据危险等级明确监测和治理（解危卸压）技术方法、推进速度、支护、停采线位置等要求，措施落实到位，解危处置符合规定；	查现场和资料。具备开采保护层未开采的、采掘时空关系不符合规定不得分；其他不符合要求 1 处扣 0.2 分

续表

基本要求	评分方法
1. 爆破卸压作业的躲炮直线距离不小于300 m，躲炮时间不小于30 min； 2. 冲击危险区采取限员、限时措施，设置压风自救系统，设立醒目的防冲警示牌、防冲避灾路线图； 3. 评价为强冲击地压危险的区域不得存放备用材料和设备；巷道内杂物应清理干净，保持行走路线畅通；冲击地压危险区存放的设备、材料应采取固定措施，码放高度不应超过0.8 m；大型设备、备用材料应存放在采掘应力集中区以外； 4. 冲击危险区各类管路应吊挂在巷道腰线以下，吊挂高度高于1.2 m的必须采取固定措施，电缆吊挂应留有垂度； 5. U型钢支架卡缆、螺栓等按规定采取防崩措施； 6. 加强冲击地压危险区巷道支护，采煤工作面两巷超前支护范围和支护强度符合作业规程规定； 7. 严重冲击地压危险区域采掘工作面作业人员佩戴个人防护装备	查现场和资料。未限员、限时或未设置压风自救系统1处扣5分；支护不符合要求1处扣5分；其他不符合要求1处扣2分

续表

3.1　井工煤矿重大灾害防治	
基 本 要 求	评 分 方 法
8. 作业规程设防冲专章（篇），临近大型地质构造、采空区、应力集中区、掘进巷道贯通或错层交叉、解危卸压等应编制防冲专项措施，并落实到位； **9.** 依据防冲要求及分析研判结果编制生产组织通知单，按程序审批后执行； **10.** 建立防冲工程措施实施与验收等记录台账，保证防冲过程可追溯	
安全防护： **1.** 冲击危险区支护范围、形式和强度符合规定；巷道断面缩小 1/3 或局部锚杆（索）崩断失效应及时扩修或补强支护； **2.** 冲击危险区必须严格执行人员准入制度，明确规定人员进入的时间、区域和人数，井下现场设立管理站； **3.** 设备布置（存放）、管线吊挂、个体防护、压风自救系统符合规定	查现场和资料。未限员管理不得分；支护不符合要求 1 处扣 0.2 分；其他不符合要求 1 处扣 0.1 分
附加项	
科技攻关	
考核周期内，重大灾害治理科技成果获得省部级以上奖励	查资料。获国家级奖项，独立完成 1 项加 2 分，合作完成加 1 分；获省部级奖项，独立完成 1 项加 1 分，合作完成 1 项加 0.5 分，最多加 2 分

3.2　露天煤矿重大灾害防治

一、工作要求

1. 制度建设。建立健全隐蔽致灾因素普查、灾害预防、边坡管理制度并落实。

2. 地质管理。地质相关报告齐全，按规定开展补充调查与勘探；查明采空区、火区情况；鉴定煤层自燃倾向性和煤尘爆炸性，确定最短自然发火期。

3. 灾害预防。查明隐蔽致灾因素，编制并落实年度灾害预防与处理计划。开采容易自燃和自燃煤层时，制定并落实防灭火措施。

4. 边坡防治。采场、排土场边坡角符合设计；边坡监测系统运行正常、数据真实；开展边坡稳定性验算、分析与评价；对不稳定边坡采取安全技术措施，重点监管，加强巡视。

二、评分方法

1. 存在重大事故隐患的，本部分不得分。

2. 按表 3.2 评分，总分为 100 分。按照所检查存在的问题进行扣分，各小项分数扣完为止。

3. 附加项评分

符合要求的得分，不符合要求的不得分也不扣分。附加项得分计入本部分总得分，最多加 2 分。

基本要求	评分方法
一、制度建设	
管理制度	
建立以下制度并落实： 1. 隐蔽致灾因素普查管理制度； 2. 边坡管理制度	查资料。制度缺 1 项扣 3 分；内容不符合规定 1 处扣 0.5 分；未落实 1 处扣 0.5 分
二、地质管理	
地质基础	
按规定编制地质报告及地质类型划分报告并审批	查资料。无报告不得分；未按规定审批 1 项扣 2 分；内容不符合规定 1 处扣 0.5 分
按规定开展煤矿地质补充调查与勘探	查资料。未按规定开展不得分；不符合规定 1 处扣 0.5 分
应有下列图纸：地层综合柱状图、地形地质图、可采煤层底板等高线图、地质剖面图、井工采空区与露天矿平面对照图、总平面布置图、采剥工程平（断）面图、边坡监测系统平面图	查资料。图纸缺 1 种扣 1 分；不符合规定 1 处扣 0.5 分

续表

基 本 要 求	评 分 方 法
一、技术管理	
2. 有边坡设计	查资料。无设计不得分

续表

3.2 露天煤矿重大灾害防治	
基本要求	评分方法
煤层鉴定	
鉴定开采煤层自燃倾向性，确定最短自然发火期	查资料。未开展 1 项扣 1 分；不符合要求 1 处扣 1 分
测量管理	
测量控制系统健全，精度符合要求	查现场和资料。控制点数量及精度不符合要求 1 处扣 0.5 分
三、灾害预防	
隐蔽致灾因素普查	
编制 3 ~ 5 年生产规划	查资料。未编制不得分；不符合要求 1 处扣 0.5 分
每 3 年开展 1 次隐蔽致灾因素普查，编制隐蔽致灾普查报告；未查明的应进行补充探查	查资料。无报告或未审批不得分；未按要求补充探查不得分；内容不符合要求 1 处扣 1 分
查清生产区域和 3 ~ 5 年规划期内的采空区、火区等隐蔽致灾因素	查现场和资料。未查清不得分；未进行实物普查不得分
预防与处理	
根据年度风险辨识报告及隐蔽致灾因素普查报告，编制灾害预防和处理计划并实施	查现场和资料。无计划不得分；未将年度风险辨识报告及隐蔽致灾因素普查报告结果应用到计划编制中 1 处扣 3 分；内容不符合规定 1 处扣 0.5 分；未严格实施 1 处扣 1 分
开采容易自燃和自燃煤层时，应制定防灭火措施并落实	查现场和资料。无措施不得分；内容不符合规定 1 处扣 1 分；落实不到位 1 处扣 1 分
四、边坡防治	
边坡设计	
年度采矿设计中有边坡设计内容	查资料。无设计不得分，设计不符合要求 1 处扣 1 分

续表

基本要求	评分方法
二、采场边坡	
最终边坡到界后，稳定性达不到要求时，修改设计，并采取治理措施	查资料。未修改设计或未采取治理措施不得分
三、排土场边坡	
3. 排土场的排弃高度和边坡角，符合设计	查现场。不符合要求不得分
1. 排土场到界前100 m，采取措施	查现场。未采取措施不得分

续表

3.2 露天煤矿重大灾害防治	
基 本 要 求	评 分 方 法
采场边坡	
边坡角、台阶坡面角符合设计，无局部垮塌、片帮	查现场和资料。边坡角不符合设计不得分；台阶坡面角不符合要求 1 处扣 1 分
最终边坡到界后，稳定性达不到要求时，修改设计，并采取治理措施	查现场和资料。未修改设计或未采取治理措施不得分
排土场边坡	
边坡角、台阶坡面角符合设计	查现场和资料。边坡角不符合设计不得分；台阶坡面角不符合要求 1 处扣 1 分
最终边界到界前 100 m，采取措施提高边坡稳定性	查现场和资料。未采取措施不得分
内排土场基底有不利于边坡稳定的松软土岩时，按照设计要求进行处理	查现场和资料。未按要求进行处理不得分
边坡监测	
有边坡监测系统设计并评审	查资料。无设计不得分；未评审不得分；设计不全面、不符合实际 1 处扣 1 分
按设计建立边坡监测系统，按要求开展数据联网	查现场和资料。未建立边坡监测系统或未开展数据联网不得分；其他不符合要求 1 处扣 1 分
边坡监测系统运行正常、数据真实，年度综合在线率不低于 90%，预警值至少每半年核定一次	查现场和资料。系统故障且未采取措施、在线率不符合要求、预警值未按规定核定不得分；其他不符合要求 1 处扣 1 分
定期开展边坡巡视，有巡视记录	查现场和资料。未巡视或无巡视记录不得分；记录不符合规定 1 处扣 0.5 分

续表

基 本 要 求	评 分 方 法
四、不稳定边坡	
在不稳定边坡设监测网络，有监测记录	查现场和资料。未设监测网络或没有监测记录不得分，记录不符合要求 1 处扣 2 分
加强巡视，有巡视记录，发现滑坡征兆，撤出作业人员，设警示标志	查现场和资料。有危险未撤人不得分，未设警示标志扣 3 分，无巡视记录扣 3 分

续表

3.2　露天煤矿重大灾害防治	
基 本 要 求	评 分 方 法
监测数据报警或边坡巡视异常，应分析原因并采取相应措施	查现场和资料。不符合要求 1 处扣 1 分
稳定性验算、分析与评价	
定期对采场、排土场开展边坡稳定性验算、分析与评价	查资料。无报告不得分；内容不符合规定 1 处扣 1 分
不稳定边坡	
制定并落实防边坡失稳的安全技术措施	查现场和资料。未制定安全技术措施不得分；安全技术措施未落实 1 处扣 1 分
对不稳定边坡重点监测，加强现场巡视，有巡视记录	查现场和资料。未重点监测、未加强现场巡视不得分；巡视记录不符合要求 1 处扣 1 分
制定滑坡征兆撤出作业人员制度并严格执行	查现场和资料。无制度不得分，发现有已出现滑坡征兆但未撤出作业人员情况不得分
附加项	
技术进步	
利用数字孪生等信息化、智能化技术，实现地质透明化（地质资料实时综合处理、数字化自动成图、三维立体化仿真展示）	查现场和资料。符合要求加 1 分
建有矿山多灾种和灾害链综合预警监测系统、天—空—地协同边坡智能监测技术	查现场和资料。符合要求加 1 分

第 8 部分 质量控制

8.1 通风

一、工作要求（风险管控）

1. 通风系统

（1）矿井通风方式、方法符合《煤矿井工开采通风技术条件》（AQ 1028）规定；矿井安装 2 套同等能力的主要通风机装置，1 用 1 备；反风设施完好，反风效果符合《煤矿安全规程》规定；

（2）矿井风量计算准确，风量分配合理，井下作业地点实际供风量不小于所需风量；矿井通风系统阻力合理。

2. 局部通风

（1）掘进巷道通风方式、方法符合《煤矿安全规程》规定，每一掘进巷道均有局部通风设计，选择合适的局部通风机和匹配的风筒；

（2）局部通风机安装、供电、闭锁功能、检修、试验等符合《煤矿安全规程》规定，运行稳定可靠，无循环风。

3. 通风设施

按规定及时构筑通风设施；设施可靠，利于通风系统调控；设施位置合理，墙体周边掏槽符合规定，与围岩填实接严不漏风。

4. 瓦斯管理

（1）按照矿井瓦斯等级检查瓦斯，严格现场瓦斯管理工作，不形成瓦斯超限；

（2）排放瓦斯，按规定制定专项措施，做到安全排放，无“一风吹”。

10. 爆破管理与基础工作

（1）按《煤矿安全规程》要求建设布置和管理井下爆炸物品库，爆炸物品贮存、运输、领退等各环节按制度执行；

（2）井下爆破作业按照爆破作业说明书进行，爆破作业执行“一炮三检”和“三人连锁”制度，正确处理拒爆、残爆；

（3）建立组织保障体系，设立相应管理机构，完善各项管理制度，明确人员负责，按制度执行，工作有计划、有总结，有序有效开展工作；

（4）按规定绘制图纸，完善相关记录、台账、报表、报告、计划及支持性文件等资料，并与现场实际相符；

（5）管理、技术人员掌握相关的岗位职责、管理制度、技术措施，作业人员掌握本岗位相应的操作规程、安全措施，规范操作，无“三违”行为，作业前进行岗位安全风险辨识及安全确认。

第 4 部分　专业管理
4.1　井工煤矿专业管理
4.1.1　通风
一、工作要求
1. 通风。通风系统完善可靠、阻力符合要求，主要通风机运行稳定，采掘工作面风量配备合理，通风设施设置规范。
2. 瓦斯。按照规定进行矿井瓦斯等级鉴定及瓦斯涌出量测定，强化甲烷、二氧化碳等有害气体检查检测，加强密闭启封管理，安全排放瓦斯。
3. 爆破。井下爆炸物品运输、贮存按规定执行，按照爆破作业说明书作业，按规定处理拒爆、残爆。

续表

<table>
<tr><td colspan="2">8.1 通风</td></tr>
<tr><td colspan="2">7. 安全监控
安全监控系统满足《煤矿安全监控系统通用技术要求》（AQ 6201）、《煤矿安全监控系统及检测仪器使用管理规范》（AQ 1029）和《煤矿安全规程》的要求，维护、调校到位，系统运行稳定可靠。</td></tr>
<tr><td colspan="2">二、评分方法</td></tr>
<tr><td colspan="2">1. 存在重大事故隐患的，本部分不得分。</td></tr>
<tr><td colspan="2">2. 按表 8.1－1 评分，通风 10 个大项每大项标准分为 100 分，按照所检查存在的问题进行扣分，各小项分数扣完为止。
3. 以 10 个大项的最低分作为通风部分得分。
4. “局部通风”大项以所检查的各局部通风区域中最低分为该大项得分；“通风设施”大项以所检查的分项的平均分之和为该大项得分；不涉及的大项，如突出防治或者瓦斯抽采等，该大项不考核。
5. 大项内容中缺项时，按式（1）进行折算；
$$A=\frac{100}{100-B}\times C \qquad (1)$$
式中 A——实得分数；
B——缺项标准分数；
C——检查得分数。</td></tr>
<tr><td>基 本 要 求</td><td>评 分 方 法</td></tr>
<tr><td colspan="2">一、通风系统</td></tr>
<tr><td colspan="2">系统管理</td></tr>
<tr><td>1. 全矿井、一翼或者一个水平通风系统改变时，编制通风设计及安全措施，经企业技术负责人审批；巷道贯通前应当制定贯通专项措施，经矿总工程师审批；井下爆炸物品库、充电硐室、采区变电所、实现采区变电所功能的中央变电所有独立的通风系统</td><td>查现场和资料。改变通风系统（巷道贯通）无审批措施的扣 10 分，其他不符合要求 1 处扣 5 分</td></tr>
</table>

续表

<table>
<tr><td colspan="2">4.1.1　通风</td></tr>
<tr><td colspan="2">**4.** 安全监控。**监控系统运行正常、灵敏可靠，各类传感器安设齐全，断电、复电浓度及范围符合要求，按照规定对安全监控系统维护、调校。**</td></tr>
<tr><td colspan="2">**二、评分方法**</td></tr>
<tr><td colspan="2">1. 存在重大事故隐患的，本部分不得分。</td></tr>
<tr><td colspan="2">**2. 按表 4.1.1 评分，总分为 100 分。**按照所检查问题进行扣分，各小项分数扣完为止；**“评分表”中“项目内容”缺项不得分，采用式（1）计算专业得分：**
$$A=\frac{100}{100-B}\times C \tag{1}$$
式中　*A*——通风部分实得分数；
B——缺项标准分值；
***C*——项目内容**检查得分数。</td></tr>
<tr><td>基 本 要 求</td><td>评 分 方 法</td></tr>
<tr><td colspan="2">**一、通风**</td></tr>
<tr><td colspan="2">**系统管理**</td></tr>
<tr><td>**矿井通风方式符合规定，通风系统完善可靠，按规定绘制通风系统图；**全矿井、一翼或者一个水平通风系统改变时，编制通风设计及安全措施，经企业技术负责人审批后落实；巷道贯通前应当制定贯通专项措施，经煤矿总工程师审批**后落实**</td><td>查现场和资料。**通风方式不符合规定或无设计及措施不得分，未履行审批程序 1 处扣 1 分，其他不符要求 1 处扣 0.2 分**</td></tr>
</table>

续表

8.1 通风	
基 本 要 求	评 分 方 法
1. 全矿井、一翼或者一个水平通风系统改变时，编制通风设计及安全措施，经企业技术负责人审批；巷道贯通前应当制定贯通专项措施，经矿总工程师审批；井下爆炸物品库、充电硐室、采区变电所、实现采区变电所功能的中央变电所有独立的通风系统	查现场和资料。改变通风系统（巷道贯通）无审批措施的扣 10 分，其他不符合要求 1 处扣 5 分
2. 井下没有违反《煤矿安全规程》规定的扩散通风、采空区通风和利用局部通风机通风的采煤工作面；对于允许布置的串联通风，制定安全措施，其中开拓新水平和准备新采区的开掘巷道的回风引入生产水平的进风中的安全措施，经企业技术负责人审批，其他串联通风的安全措施，经矿总工程师审批	查现场和资料。不符合要求 1 处扣 10 分，安全措施有缺陷或与《煤矿安全规程》不符 1 处扣 2 分
风量配置	
5. 矿井主要通风机安设监测系统，能够实时准确监测风机运行状态、风量、风压等参数	查现场。未安监测系统的不得分，其他不符合要求 1 处扣 1 分
1. 新安装、技术改造及更换叶片的主要通风机投入使用前，进行 1 次通风机性能测定和试运转工作，投入使用后每 5 年至少进行 1 次性能测定；矿井通风阻力测定符合《煤矿安全规程》规定	查资料。通风机性能或者通风阻力未测定的不得分，其他不符合要求 1 处扣 1 分
2. 矿井每年进行 1 次通风能力核定；井下测风站（点）布置齐全、合理，并有测风记录牌板，填写所需风量、现场实际风量等参数，每 10 天至少进行 1 次井下全面测风，井下各硐室和巷道的供风量满足计算所需风量	查现场和资料。未进行通风能力核定不得分，其他不符合要求 1 处扣 5 分

续表

4.1.1 通风	
基本要求	评分方法
井下爆炸物品库、采区变电所、实现采区变电所功能的中央变电所有独立的通风系统；**井下充电室通风管理符合规定；井下无采空区通风和利用局部通风机通风的采煤工作面**	查现场和资料。**不符合要求 1 处扣 1 分**
对于允许布置的串联通风，制定安全措施，**按规定审批后落实**	查现场和资料。**无安全措施或违规串联通风不得分，未按层级审批 1 处扣 1 分，措施不符合要求或未落实 1 处扣 0.5 分**
风量配备	
主要通风机安设监测系统，能够实时准确监测风机运行状态、风量、风压等参数；**生产矿井主要通风机装有反风设施，按规定进行反风演习，有总结报告**	查现场和资料。未安设监测系统、**未按规定进行反风演习**不得分，其他不符合要求 1 处扣 1 分
通风阻力测定符合**要求；阻力分布及系统阻力与风量匹配符合规定；每年安排采掘作业计划时核定矿井生产和通风能力**	查现场和资料。**未按要求测定通风阻力或核定通风能力不得分**；其他不符合要求 1 处扣 1 分
建立矿井测风制度，每旬至少进行 1 次全面测风，**实际风量、风速等参数符合规定**	查现场和资料。**未建立测风制度不得分，其他不符合规定 1 处扣 0.5 分**

续表

8.1 通风	
基 本 要 求	评 分 方 法
二、局部通风	
1. 采用局部通风机供风的掘进巷道应安设同等能力的备用局部通风机，实现自动切换。局部通风机的安装、使用符合《煤矿安全规程》规定，实行挂牌管理，由指定人员上岗签字并进行切换试验，有记录；不发生循环风；不出现无计划停风，有计划停风前制定专项通风安全技术措施	查现场和资料。1 处发生循环风扣 15 分；无计划停风 1 次扣 10 分；其他不符合要求 1 处扣 2 分
2. 风筒实行编号管理。风筒接头严密，无破口（末端 20 m 除外），无反接头；软质风筒接头反压边，无丝绳或者卡箍捆扎，硬质风筒接头加垫、螺钉紧固	查现场。1 处不符合要求扣 0.5 分
3. 风筒吊挂平、直、稳，软质风筒逢环必挂，硬质风筒每节至少吊挂 2 处；风筒不被摩擦、挤压	查现场。不符合要求 1 处扣 0.5 分
三、通风设施	
1. 有构筑通风设施（指永久密闭、风门、风窗和风桥）设计方案及安全措施，设施墙（桥）体采用不燃性材料构筑，其厚度不小于 0.5 m（防突风门、风窗墙体不小于 0.8 m），严密不漏风	查现场和资料。应建未建或者构筑不及时不得分；其他不符合要求 1 处扣 10 分
2. 密闭、风门、风窗墙体周边按规定掏槽，墙体与煤岩接实，四周有不少于 0.1 m 的裙边，周边及围岩不漏风；墙面平整，无裂缝、重缝和空缝，并进行勾缝或者抹面或者喷浆，抹面的墙面 1 m^2 内凸凹深度不大于 10 mm	查现场。不符合要求 1 处扣 5 分

续表

4.1.1 通风	
基 本 要 求	评 分 方 法
局部通风	
局部通风机**和风筒**的安装、使用符合规定，**无循环风**；不出现无计划停风，有计划停风前制定专项安全技术措施；风筒吊挂平、直、稳，逢环必挂并拉紧，**风筒接头严密，无反接头，压边到位**	查现场。发生循环风**不得分，**无计划停风 1 次扣 **2 分，**其他不符合规定 1 处扣 **0.5 分**
设施管理	
1. **密闭、风门、风桥及风窗**墙（桥）体采用不燃性材料构筑，其厚度不小于 0.5 m（防突风门、风窗墙体不小于 0.8 m），墙体周边按规定掏槽，周边及围岩不漏风，墙（桥）面平整**无破裂；** **2. 通向采空区的巷道、不用或报废的巷道、盲巷等应及时设置永久性密闭；采空区**密闭**位置**距全风压巷道口 **4～5 m，密闭墙前设有栅栏及警告标志牌；** **3. 需控风巷道每处安装**不少于 2 道连锁风门、**按规定安装反向风门（具备正、反向控制功能的风门除外）**，风门能自动关闭，**任意 2 道风门之间距**离不小于 4 m，**通车风门能自动打开并有声光信号，且 2 道风门之间距离不得小于运输工具长度；**	**查现场。不符合规定 1 处扣 1 分**

续表

8.1　通风	
基本要求	评分方法
1. 密闭位置距全风压巷道口不大于5 m，设有规格统一的瓦斯检查牌板和警标，距巷道口大于2 m的设置栅栏；密闭前无瓦斯积聚。所有导电体在密闭处断开（在用管路采取绝缘措施处理的除外）	查现场。不符合要求1处扣5分；不设置栅栏1处扣2分，栅栏设置不合格1处扣1分（最多扣2分）
1. 每组风门不少于2道（含主要进、回风巷之间的联络巷设的反向风门），其间距不小于5 m（通车风门间距不小于1列（辆）车长度）；通车风门设有发出声光信号的装置，且声光信号在风门两侧都能接收	查现场。不符合要求1处扣5分
2. 风门能自动关闭并连锁，使2道风门不能同时打开；门框包边沿口有衬垫，四周接触严密，门扇平整不漏风；风窗有可调控装置，调节可靠	查现场。不符合要求1处扣5分
2. 风桥通风断面不小于原巷道断面的4/5，呈流线型，坡度小于30°；风桥上、下不安设风门、调节风窗等	查现场。不符合要求1处扣5分
四、瓦斯管理	
鉴定及措施	
1. 按《煤矿安全规程》和《煤矿瓦斯等级鉴定办法》进行煤层瓦斯含量、瓦斯压力等参数测定和矿井瓦斯等级鉴（认）定及瓦斯涌出量测定	查资料。未鉴定或测定不得分

续表

4.1.1 通风	
基 本 要 求	评 分 方 法
4. **风桥上、下变**坡度小于 30°，不设风门及风窗； **5. 设置调节风窗位置距全风压巷道口均不超过 6 m，风窗有可靠调控装置**	
二、瓦斯	
鉴定管理	
低瓦斯矿井每 2 年进行一次瓦斯等级和二氧化碳涌出量鉴定工作；高瓦斯、突出矿井每年按规定测定和计算一次瓦斯和二氧化碳涌出量	查资料。未**进行**鉴定或测定**计算**不得分；**其他不符合要求 1 处扣 1 分**

续表

8.1　通风	
基 本 要 求	评 分 方 法
瓦斯检查	
2. 瓦斯检查地点、周期符合《煤矿安全规程》规定；瓦斯检查工在井下指定地点交接班，有记录	查现场和资料。不符合要求 1 处扣 5 分
1. 矿长、总工程师、爆破工、采掘区(队)长、通风区（队）长、工程技术人员、班长、流动电钳工、安全监测工、瓦斯检查工等下井时，携带便携式甲烷检测报警仪并开机使用；瓦斯检查工下井时还应携带光学瓦斯检测仪	查现场或者资料。不符合要求 1 处扣 2 分
3. 瓦斯检查做到井下记录牌、瓦斯检查手册、瓦斯检查班报（台账）相一致；通风瓦斯日报及时上报矿长、总工程师签字，并有记录	查现场和资料。不符合要求 1 处扣 1 分
现场管理	
1. 采掘工作面及其他地点的瓦斯浓度符合《煤矿安全规程》规定；瓦斯超限立即停止工作，撤出人员，按规定切断电源；查明瓦斯超限原因，落实防治措施	查现场和资料。1 年内瓦斯超限 1 次扣 3 分；其他不符合要求 1 处扣 1 分
2. 临时停风地点停止作业、切断电源、撤出人员、设置栅栏和警标；长期停风区在 24 h 内封闭完毕。停风区内甲烷或者二氧化碳浓度达到 3.0% 或者其他有害气体浓度超过《煤矿安全规程》规定不能立即处理时，在 24 h 内予以封闭，并切断通往封闭区的管路、轨道和电缆等导电物体	查现场和资料。未按规定执行 1 项扣 10 分

续表

4.1.1 通风	
基 本 要 求	评 分 方 法
瓦斯检查	
建立甲烷、二氧化碳和其他有害气体检查制度，内容符合规定要求，并认真执行	查现场和资料。**未建立制度、未按规定进行瓦斯检查不得分；不符合规定或不执行 1 处扣 0.5 分**
矿长、总工程师、爆破工、采掘区队长、通风区队长、工程技术人员、班长、流动电（钳）工、安全监测工等下井时，携带便携式甲烷检测报警仪；瓦斯检查工下井时必须携带便携式光干涉或激光甲烷、二氧化碳检测仪，采用光干涉检测仪时必须携带甲烷检测报警仪	查现场。不符合要求 1 处扣 **0.5 分**
瓦斯检查工填写的瓦斯检查班报（台账）、手册及井下牌板数据相一致；通风瓦斯日报**需煤矿**矿长、总工程师审阅	查现场和资料。不符合要求 1 处扣 **0.5 分**
现场管理	
总回风巷、一翼回风巷、采区回风巷、采掘工作面**风流中甲烷或二氧化碳浓度符合规定；超过规定值时，按规定进行撤人处理等**	查现场和资料。**未按规定撤人等不得分，年度内发生甲烷或二氧化碳浓度超过规定 1 起扣 2 分，未查明原因的 1 处扣 1 分，其他不符合要求 1 处扣 0.5 分**
临时停风地点**必须**切断电源，设置栅栏、警标，**禁止人员进入，并向矿调度室报告**；停工区内甲烷或者二氧化碳浓度达到 3.0% 或其他有害气体浓度超过**规程**规定不能立即处理时，**应**在 24 h 内封闭**完毕**，启封密闭巷道，按规定编制瓦斯排放专项措施，经煤矿总工程师批准	查现场和资料。**停风地点有人员进入、未按规定封闭或无措施排放瓦斯不得分；其他不符合要求 1 处扣 1 分**

续表

8.1　通风	
基 本 要 求	评 分 方 法
3. 瓦斯排放按规定编制专项措施，经矿总工程师批准，并严格执行，且有记录；采煤工作面不使用局部通风机稀释瓦斯	查资料。无措施或者未执行不得分；其他不符合要求1处扣5分
十、爆破管理与基础工作	
爆炸物品管理	
1. 井下爆炸物品库、爆炸物品贮存及运输符合《煤矿安全规程》规定	查现场。不符合要求1处扣2分
爆破管理	
2. 编制爆破作业说明书，并严格执行；现场设置爆破图牌板	查现场和资料。无爆破说明书或者不执行不得分，其他不符合要求1处扣2分
1. 爆破作业执行“一炮三检”“三人连锁”制度，采取停送电（突出煤层）、撤人、设岗警戒措施。特殊情况下的爆破作业，制定安全技术措施，经矿总工程师批准后执行	查现场和资料。1处不符合要求不得分
3. 爆炸物品现场存放、引药制作符合《煤矿安全规程》规定	查现场。不符合要求1处扣2分
4. 残爆、拒爆处理符合《煤矿安全规程》规定	查现场和资料。不符合要求不得分

续表

4.1.1 通风	
基 本 要 求	评 分 方 法
三、爆破	
爆炸物品管理	
井下爆炸物品库、爆炸物品**运输、贮存**符合《煤矿安全规程》规定	查现场。不符合要求 1 处扣 **1** 分
爆破管理	
井下选用爆炸物品类型与矿井瓦斯等级匹配；爆炸物品由专人领取、保管、使用，严禁交于他人使用	**查现场。不符合要求不得分**
编制爆破作业说明书，并严格执行；现场设置爆破图牌板	查现场和资料。无爆破作业说明书的该项不得分；其他不符合要求 1 处扣 0.5 分
爆破作业执行“一炮三检”和“三人连锁爆破”制度，**并在起爆前检查起爆地点的甲烷浓度；停送电、撤人、设岗警戒距离、起爆点至爆破点的距离、范围及程序应在作业规程中明确**	查现场和资料。**未执行“三人连锁爆破”，或警戒距离、起爆点至爆破地点的距离不符合规定不得分；其他不符合要求 1 处扣 0.5 分**
装配起爆药卷，装药，使用水炮泥、封泥，残爆、拒爆处理符合规定	查现场和资料。不符合要求不得分

续表

8.1 通风	
基本要求	评分方法
七、安全监控	
装备设置	
1. 矿井安全监控系统具备“风电、甲烷电、故障”闭锁及手动控制断电闭锁功能和实时上传监控数据的功能	查现场和资料。系统功能不全扣5分，其他不符合要求1处扣2分
3. 安全监控系统的主机双机热备，连续运行，当工作主机发生故障时，备用主机应在60 s内自动投入工作；中心站应双回路供电并配备不小于4 h在线式不间断电源；站内设备应有可靠的接地和防雷装置，监控使用录音电话，录音保存3个月以上	查现场和资料。不符合要求1处扣2分
2. 安全监控系统显示和控制终端设置在矿调度室，24 h有监控人员值班	查现场和资料。1处不符合要求不得分
有监控系统运行日志，安全监控日报及报警断电记录月报经矿长、总工程师签字；建立监控系统数据库，系统数据有备份并保存2年以上	查现场和资料。数据无备份或者数据库缺少数据扣5分，其他不符合要求1处扣2分
2. 安全监控设备的种类、数量、位置、报警浓度、断电浓度、复电浓度、断电范围、电缆敷设等符合《煤矿安全规程》规定，设备性能、仪器精度符合要求，系统装备实行挂牌管理	查现场和资料。报警、断电、复电1处不符合要求扣5分；其他不符合要求1处扣1分

续表

4.1.1　通风	
基本要求	评分方法
四、安全监控	
装备设置	
安全监控系统具备“风电、甲烷电、故障”闭锁及手动控制断电闭锁功能和实时上传监控数据的功能	查现场。系统功能不全**不得分**；其他不符合要求1处扣**1**分
瓦斯超限、断电等需紧急撤人时，安全监控系统有自动与应急广播、通信、人员位置监测等系统应急联动的功能	**查现场。不具备功能1处扣2分；其他不符合要求1处扣1分**
安全监控系统的主机双机热备，连续运行；中心站**设**双回路供电，并配备不小于4 h在线式不间断电源，井下分站有备用电源，**能保证断电时监测设备可以连续运行2 h；中心站**设备**设**有可靠的接地装置和防雷电装置；安全监控系统显示和控制终端设置在矿调度室，**严格按照安全监控人员值班制度要求**24 h有监控人员值班，**建立监控系统数据库，系统数据有备份并保存2年以上**	查现场和资料。不符合要求1处扣**1**分
甲烷传感器的安装类型、数量、位置、报警浓度、断电浓度、复电浓度、断电范围等符合规定；**一氧化碳、风速、风向、温度、风筒状态、烟雾、设备开停等传感器安装位置符合要求，运行正常**	查现场。**甲烷传感器1处未安装不得分，**报警、断电、复电**不符合要求1处扣1分；其他不符合要求1处扣0.5分**

续表

8.1　通风	
基 本 要 求	评 分 方 法
调校测试	
安全监控设备每月至少调校、测试1次。甲烷传感器应使用标准气样和空气气样在设备设置地点调校，采用载体催化原理的甲烷传感器每15天、采用激光原理的甲烷传感器每6个月至少调校1次，有现场调校记录;一氧化碳、风速、温度传感器等其他传感器按使用说明书要求定期调校。甲烷电闭锁和风电闭锁功能每15天测试1次，其中，对可能造成局部通风机停电的，每半年测试1次，并有测试签字记录	查现场和资料。不符合要求1处扣2分
1. 安全监控设备中断运行或者出现异常情况，查明原因，采取措施及时处理，其间采用人工检测，并有记录	查现场和资料。不符合要求1处扣5分
8.2　地质灾害防治与测量	
一、工作要求（风险管控）	
1. 煤矿地质 （1）查明隐蔽致灾地质因素； （2）在不同生产阶段，按期完成各类地质报告修编、提交、审批等基础工作； （3）原始记录、成果资料、地质图纸等基础资料齐全，管理规范； （4）地质预测预报工作满足安全生产需要； （5）储量计算和统计管理符合《矿山储量动态管理要求》规定。	
2. 煤矿测量 （1）测量控制系统健全，测量工作执行通知单制度，原始记录、测量成果齐全； （2）基本矿图种类、内容、填绘、存档符合《煤矿测量规程》规定； （3）沉陷观测台账资料齐全。	

续表

4.1.1 通风	
基本要求	评分方法
调校测试	
载体催化甲烷传感器和便携式载体催化甲烷检测报警仪每半个月至少调校1次；激光甲烷传感器**和便携式激光甲烷检测报警仪每半年**至少调校1次；其他传感器**和便携式检测报警仪应按有关标准**定期调校；甲烷电闭锁和风电闭锁功能每**半个月至少**测试1次；**其他**安全监控设备每月至少调校**或**测试1次	查现场和资料。不符合要求1处扣**1**分
安全监控设备中断运行时，**应**查明原因、采取措施**并**及时处理，其间应采用人工监测**补救安全措施**，并**做好**记录	查现场和资料。不符合要求1处扣**0.5**分
4.1.2 地质测量	
一、工作要求	
1. 基础管理。健全管理制度，按期完成各类地质报告修编、审批等基础工作；原始记录详实，成果资料、地质测量图纸等基础资料齐全，内容、填绘、存档符合规定。	
2. 地质**管理。地质资料收集、调查、分析等工作规范**，预测预报工作满足安全生产要求。	
3. 测量**管理**。**执行**测量工作通知单制度，测量控制系统健全，原始记录**详实**，测量成果**真实**齐全。	

续表

8.2　地质灾害防治与测量
二、评分方法
1. 存在重大事故隐患的，本部分不得分。 按表 8.2－1、表 8.2－2、表 8.2－3、表 8.2－4 和表 8.2－5 评分，每个表总分为 100 分。按照所检查存在的问题进行扣分，各小项分数扣完为止。
2. 地质灾害防治与测量安全生产标准化考核得分采用下列方法计算： （1）无冲击地压灾害，水文地质类型简单和中等矿井按式（1）计算： $A=J\times15\%+D\times30\%+C\times25\%+F_1\times30\%$　　(1) （2）无冲击地压灾害，水文地质类型复杂和极复杂矿井按式（2）计算： $A=J\times15\%+D\times25\%+C\times20\%+F_1\times40\%$　　(2) （3）冲击地压矿井，水文地质类型简单和中等矿井按式（3）计算： $A=J\times15\%+D\times20\%+C\times15\%+F_1\times20\%+F_2\times30\%$　　(3) （4）冲击地压矿井，水文地质类型复杂及以上矿井按式（4）计算： $A=J\times15\%+D\times15\%+C\times15\%+F_1\times25\%+F_2\times30\%$　　(4) 式中　A——煤矿地质灾害防治与测量部分安全生产标准化考核得分； J——煤矿地质灾害防治与测量技术管理标准化考核得分； D——煤矿地质标准化考核得分； C——煤矿测量标准化考核得分； F_1——煤矿防治水标准化考核得分； F_2——煤矿防治冲击地压标准化考核得分。

续表

4.1.2　地质测量
4. 资源储量管理。煤矿“三量”符合规定，不符合规定的主动采取限产或停产措施。
二、评分方法
1. 存在重大事故隐患的，本部分不得分。
2. 按表 4.1.2 评分，总分为 100 分。按照所检查存在的问题进行扣分，各小项分数扣完为止。
3. 附加项评分 符合要求的得分，不符合要求的不得分也不扣分。附加项得分计入本专业总得分，最多加 2 分。

续表

8.2 地质灾害防治与测量	
基本要求	评分方法
煤矿地质灾害防治与测量技术管理	
制度建设	
建立以下制度： 1. 地质灾害防治技术管理制度； 2. 预测预报制度； 3. 地测安全办公会议制度； 4. 地测资料、技术报告审批制度； 5. 图纸的审批、发放、回收和销毁制度； 6. 资料收集、整理、定期分析、保管、提供制度； 7. 隐蔽致灾地质因素普查制度； 8. 应急处置制度	查资料。缺1项制度扣5分；制度不完善1处扣1分
地质报告	
按规定编制满足不同生产阶段需求的地质报告，按期修编，并按要求审批	查资料。建井地质报告、生产地质报告不全，缺1项扣3分；地质报告未按期修编1次扣3分；未按要求审批1次扣2分
图纸台账	
1. 按《煤矿地质工作规定》要求整理编制必备的地质台账、地质图件等地质基础资料； 2. 地质图件内容符合《煤矿地质测量图技术管理规定》及其补充规定要求，图种齐全有电子文档； 3. 各项综合分析成果能满足安全生产工作需要	查资料。综合分析成果不能满足需要不得分；综合分析成果与资料内容存在明显漏洞或错误扣5分；图纸图幅不全扣2分，无电子文档扣2分；台账或图纸未及时更新1处扣1分；图例、注记不规范1处扣1分；素描图不全少1处扣3分；台账或图纸要素内容不全1处扣1分；日常用图中采掘工程及地质内容未及时填绘1处扣1分

续表

4.1.2　地质测量	
基 本 要 求	评 分 方 法
一、基础管理	
制度建设	
建立地质测量管理制度，内容包括预测预报、地质测量管理、资料档案管理等	查资料。未建立制度不得分；制度不符合规定 1 处扣 0.5 分；不执行 1 处扣 1 分
地质报告	
按规定编制煤矿生产地质报告、煤矿地质类型划分报告，并按要求审批	查资料。无报告不得分；未按期修编报告 1 次扣 2 分；未按要求审批 1 次扣 1 分；未按规定划分煤矿地质类型扣 2 分
图纸台账管理	
1. 有地层综合柱状图，可采煤层底板等高线及资源储量估算图（急倾斜煤层加绘立面投影图和立面投影资源储量估算图），地形地质图、地质剖面图，勘探钻孔柱状图，瓦斯地质图，井上下对照图，采掘工程平面图（急倾斜煤层要绘采掘工程立面图），综合水文地质图，综合水文地质柱状图，水文地质剖面图，充水性图，涌水量与相关因素动态曲线图，防治水“三区”管理图； 2. 建立《煤矿防治水细则》《煤矿地质工作细则》《煤矿测量规程》规定的台账	查资料。图纸每缺 1 种扣 5 分、台账每缺 1 项扣 2 分；台账、图纸未及时更新、内容不全或错误 1 处扣 0.5 分；图例、注记不符合要求 1 处扣 0.2 分

续表

8.2　地质灾害防治与测量	
基 本 要 求	评 分 方 法
原始记录	
1. 有专用原始记录本，分档按时间顺序保存； 2. 记录内容齐全，字迹、草图清楚	查资料。专用记录本不全，缺 1 种扣 3 分;其他不符合要求 1 处扣 1 分
资料管理	
图纸、资料、文件等分类保管，建立纸质或电子目录索引、借阅记录台账，存档管理，电子文档至少每半年备份 1 次	查资料。未分类保管扣 5 分，未建立目录索引和借阅记录台账扣 3 分，存档不齐缺 1 种扣 3 分，电子文档备份不全缺 1 种扣 2 分
装备管理	
1. 工器具装备完好，满足规定和工作需要； 2. 至少各有 1 种为煤矿地质和水文地质工作服务的物探装备； 3. 采用计算机制图； 4. 地测信息系统与上级公司联网并能正常使用	查现场和资料。在用装备不能正常使用 1 台扣 2 分；无为本矿服务的物探装备扣 5 分；未采用计算机制图扣 10 分；未建立地测信息系统或地测信息系统未与上级公司联网扣 10 分，不能正常使用扣 5 分
二、煤矿地质	
地质观测与分析	
1. 按《煤矿地质工作规定》要求进行地质观测与资料编录； 2. 跟踪地质变化，进行地质分析，及时提供分析成果及相关图件	查资料。未开展地质观测、无观测资料不得分，资料无针对性扣 4 分，其他不符合规定 1 处扣 2 分
地质勘探	
1. 井上下钻探、物探、化探工程应有设计、有成果和总结报告； 2. 按规定开展煤矿地质补充调查与勘探； 3. 按规定针对性地开展综合勘查与分析研究，编制研究报告	查现场和资料。无勘探设计、勘探成果或总结报告 1 项扣 3 分；施工结果与设计偏差较大而未采取措施的 1 处扣 3 分；未按规定开展研究缺 1 次扣 2 分，无研究报告缺 1 次扣 1 分

续表

4.1.2　地质测量	
基 本 要 求	评 分 方 法
原始记录	
地质、测量的观测、描述应在现场进行，并记录在专门的记录簿上，记录簿统一编号保存	**查资料。无原始记录不得分；其他不符合要求 1 处扣 0.5 分**
资料存档管理	
图纸、资料、文件等分类保管，建立纸质和电子目录索引、借阅记录台账，存档管理，电子文档至少每半年备份 1 次	查资料。未分类保管扣 **2 分**，未建立目录索引和借阅记录台账扣 **1 分**；存档不齐，缺 1 种扣 **1 分**；电子文档备份不全，缺 1 种扣 **1 分**
装备管理	
1. 配置必要装备，规格及数量满足规定和工作需要； **2. 建立健全地质信息数据库，每季度至少更新 1 次；** **3. 地测防治水仪器定期校检并建立台账**	**查现场和资料。在用装备不能正常使用 1 台扣 2 分；无为本矿服务的物探装备扣 1 分；在用的仪器未按期校检 1 次扣 1 分，未建立仪器校检台账扣 1 分；未建立地质信息数据库扣 2 分，未按季度更新 1 次扣 1 分**
二、地质管理	
地质观测与分析	
1. 煤层、断层、褶曲、陷落柱、沉积岩、岩浆岩等地质观测及地质资料编录符合《煤矿地质工作细则》要求； 2. 跟踪地质变化，进行地质分析，及时提供分析成果及相关图件，**满足生产需要**	**查现场和资料。地质编录不及时 1 处扣 2 分；现场观测不符合《煤矿地质工作细则》要求 1 处扣 0.5 分；综合分析成果与资料内容存在明显漏洞或错误 1 处扣 2 分；分析成果及相关图件不能及时满足生产需要扣 5 分**
地质勘探及井下地质探测	
1. 井上下钻探、物探、化探工程**有经过批准**的设计、有成果和总结报告； **2. 有突出危险煤层的矿井，开拓新水平的井巷第一次揭穿（开）厚度为 0.3 m 及以上煤层时，必须超前探测煤层厚度及地质构造；**	查现场和资料。无勘探设计、勘探成果或总结报告 **1 项扣 5 分；未按规定开展勘探 1 次扣 3 分；未按规定进行超前探测的 1 次扣 3 分；超前探测钻孔设计及施工不符合有关规定 1 处扣 0.5 分；**

续表

8.2　地质灾害防治与测量	
基 本 要 求	评 分 方 法
地质说明书及采后总结	
1. 采掘工程设计或施工前，按时提交由总工程师批准的采区地质说明书、采煤工作面地质说明书、掘进工作面地质说明书； 2. 井巷揭煤前，探明煤层厚度、构造、瓦斯地质、水文地质及顶底板岩性等地质条件，编制揭煤地质说明书； 3. 采区和采煤工作面结束后，按规定编制采后总结	查资料。说明书、采后总结不全缺 1 项扣 3 分；使用未经批准的地质说明书，或内容严重不符合规定 1 次扣 2 分；文字、原始资料、图纸数字与实际不符或自相矛盾或内容不全 1 处扣 1 分；采后总结内容不符合规定 1 处扣 1 分
地质报告	
地质预报内容符合《煤矿地质工作规定》要求，内容齐全，有年报、月报和临时性预报，并以年为单位装订成册，归档保存	查资料。预报不全缺 1 次扣 5 分，预报内容不符合规定、预报有疏漏、失误 1 处扣 1 分，未经批准 1 次扣 2 分；未预报造成工程事故本项不得分

续表

4.1.2　地质测量	
基 本 要 求	评 分 方 法
3. 石门、立井、斜井和平硐等井巷揭煤前，应采用物探、钻探等手段综合探测煤层厚度、地质构造、瓦斯、水文地质及顶底板等地质条件并编制揭煤地质说明书； 4. 在突出煤层顶、底板掘进岩巷时，必须超前探测煤层及地质构造。当巷道距离突出煤层的最小法向距离小于 10 m 时（在地质构造破坏带小于 20 m 时），执行先探后掘； 5. 回采工作面形成后，应开展补充地质探查工作； 6. 当巷道不能揭露煤层全厚时，按规定的间距探测煤层全厚	未按规定探测煤厚的 1 次扣 1 分；施工结果与设计偏差较大而未分析原因并采取措施的 1 次扣 2 分；回采工作面形成后，未开展补充地质探查工作 1 处扣 3 分；因地质超前探测不到位，造成事故或误揭煤层、断层（落差超出煤厚 2/3）、误入突出煤层法距 5 m 以内的不得分
地质说明书及采后总结	
1. 按规定提交、审批采区地质说明书、掘进工作面地质说明书、回采工作面地质说明书； 2. 揭煤工作面距待揭煤层最小法距 10 m 前或揭煤巷道开口前（在地质构造复杂、岩石破碎的区域法距 20 m 前），编写揭煤地质说明书，由煤矿总工程师审批； 3. 工作面回采结束后，30 日内提出采后地质总结报告，采区开采结束后 6 个月内，提出采区地质总结报告，报煤矿总工程师审批	查资料。地质说明书缺 1 次扣 2 分；未按规定进行审批 1 次扣 1 分；文字、原始资料、图纸与实际不符或内容不全 1 处扣 0.2 分；未按时提出地质说明书，或在生产过程中未根据实际揭露地质情况对采区地质说明书及时进行补充完善扣 1 分；未按规定提出采后地质总结报告 1 次扣 1 分，内容不符合要求 1 处扣 0.2 分
地质预报、水害预报	
1. 地质预报应有年报、月报和临时性预报，预报与实际出入较大时，应分析原因，采取措施； 2. 突出矿井，采掘工作面距未保护区边缘 50 m 前，及时编制发放临近未保护区通知单； 3. 水害预报内容符合《煤矿防治水细则》要求，内容齐全，有年报、月报和临时性预报，应包含突水危险性评价和水害处理意见等内容	查资料及现场。年报、月报、临时性预报缺 1 次扣 5 分；年报、月报覆盖工作面缺 1 个扣 2 分；井（矿）田内落差大于 5 m 的断层及直径大于 20 m 的陷落柱，未能做到超前查明并预报 1 次扣 5 分；其他不符合要求 1 处扣 1 分

续表

8.2 地质灾害防治与测量	
基 本 要 求	评 分 方 法
三、煤矿测量	
控制系统	
1. 测量控制系统健全，精度符合《煤矿测量规程》要求； 2. 及时延长井下基本控制导线和采区控制导线	查现场和资料。控制点精度不符合要求 1 处扣 1 分；井下控制导线延长不及时 1 处扣 2 分；未按规定敷设相应等级导线或导线精度达不到要求 1 处扣 2 分
贯通精度	
贯通精度满足设计要求，两井贯通和一井内导线距离 3000 m 以上贯通测量工程应有设计，并按规定审批和总结	查现场和资料。未编制贯通测量设计或未经审批、没有总结的，缺 1 项扣 3 分；贯通后重要方向误差超过允许偏差值的 1 处扣 5 分
测量重点	
1. 贯通、开掘、放线变更、停掘、停采、过特殊地质异常区、过空间距离小于巷高或巷宽 4 倍的相邻巷道等重点测量工作，执行通知单制度； 2. 通知单按规定审批、提前发送到施工单位、相关部门和人员	查资料。未按制度下发通知单 1 次扣 5 分；其他不符合要求 1 处扣 2 分
沉陷观测控制	
1. 进行地面沉陷观测； 2. 提供符合矿井情况的有关岩移参数	查现场和资料。未进行地面沉陷观测扣 10 分，岩移参数提供不符合要求 1 处扣 3 分
1. 及时填绘采煤沉陷综合治理图； 2. 建立地表塌陷裂缝治理台账、村庄搬迁台账； 3. 绘制矿井范围内受采动影响土地塌陷图表	查资料。不符合要求 1 处扣 1 分

续表

4.1.2　地质测量	
基 本 要 求	评 分 方 法
三、测量管理	
控制系统	
1. 测量控制系统健全，精度符合《煤矿测量规程》要求； 2. 及时延长井下基本控制导线和采区控制导线，**基本控制导线应每隔 300～500 m 延长一次，采区控制导线应随巷道掘进 30～100 m 延长一次**	**查资料。测量控制系统不健全不得分；未按要求延长导线 1 次扣 1 分；其他不符合要求 1 处扣 0.5 分**
贯通测量	
1. 贯通精度满足设计要求，两井贯通和一井内导线距离 3000 m 以上贯通测量工程应有设计，并按规定审批和总结； **2. 贯通设计、贯通总结及贯通后联测资料齐全，有精度评定资料**	查现场和资料。未编制贯通测量设计或未经审批、没有总结 **1 次扣 2 分；贯通误差超过允许偏差值 1 处扣 1 分；其他不符合要求 1 处扣 0.5 分**
测量通知单	
贯通、开掘、放线变更、停掘、停采、过空间距离小于巷高或巷宽 4 倍的相邻巷道等重点测量工作，**及时发送通知单**	查资料。未按要求下发通知单 1 次扣 **2 分；通知单签字不齐全 1 次扣 1 分；其他内容不符合要求 1 处扣 0.5 分**
地面沉陷观测	
进行地面沉陷观测**和分析**，提供符合矿井情况的有关岩移参数；及时填绘采煤沉陷综合治理图；绘制矿井范围内受采动影响土地塌陷图表	查现场和资料。未进行地面沉陷观测**或分析不得分**；岩移参数提供不符合要求 1 处扣 **2 分；观测站设置和观测不符合要求 1 处扣 1 分；图表不符合要求 1 处扣 0.5 分**

续表

8.2　地质灾害防治与测量	
基本要求	评分方法
8.3　采煤	
一、工作要求（风险管控）	
1. 基础管理 （1）有批准的采（盘）区设计，采（盘）区内同时生产的采煤工作面个数符合《煤矿安全规程》的规定；按规定编制采煤工作面作业规程； （2）持续提高采煤机械化、自动化、智能化水平； （3）采用“一井一面”或“一井两面”生产模式； （4）有支护质量、顶板动态监测制度，技术管理体系健全。	
2. 质量与安全 （1）工作面的支护形式、支护参数符合作业规程要求； （2）工作面出口畅通，进、回风巷支护完好，无失修巷道，巷道净断面满足通风、运输、行人、安全设施及设备安装、检修、施工的需要； （3）工作面通信、监测监控设备运行正常； （4）工作面安全防护设施和安全措施符合规定。	

续表

4.1.2　地质测量	
基 本 要 求	评 分 方 法
四、资源储量管理	
“三量”管理	
1. 每季度分析形成期末“三量”动态报表；根据采掘接续变化，每年不少于 1 次对“三量”动态变化进行统计和分析，形成分析报告； 2. 根据采掘工作面接续计划，计算最短“三量”可采期； 3. “三量”可采期未达到规定要求的，应当报告煤矿企业，并主动采取限产或停产措施，制定相应的灾害治理和采掘调整计划方案，上报煤矿企业；采取限产措施后，开拓、准备、回采煤量可采期符合规定	查资料。未形成季度期末动态报表、年度分析报告 1 次扣 2 分；“三量”可采期计算缺项、错误，1 处扣 1 分；“三量”可采期未达到规定要求，且未制定采掘调整方案的不得分
附加项	
科技创新	
积极推进透明地质新理论、新技术、新方法、新装备等建设应用	查现场和资料。考核期内，创新应用新理论、新技术、新方法、新装备并获得省部级以上奖项每 1 项加 1 分，最多加 2 分
4.1.3　采煤	
一、工作要求	
1. 基础管理。**按照批准的设计布置采煤工作面；编制作业规程；强化矿压监测分析，顶板离层超过临界值有加固措施；**持续**提升**采煤机械化、智能化水平。	
2. 质量与安全。**强化工作面及安全出口的顶板管理和支护质量，**支护形式、支护参数等符合作业规程要求，**安全出口畅通；**安全设施齐全有效。	

续表

8.3 采煤
3. 机电设备 (1) 设备能力匹配，系统无制约因素； (2) 设备完好，保护齐全； (3) 乳化液泵站压力和乳化液浓度符合要求，并有现场检测手段。
5. 文明生产 (1) 作业场所卫生整洁，照明符合规定； (2) 工具、材料等摆放整齐，管线吊挂规范，图牌板内容齐全、准确、清晰。
二、评分方法
1. 存在重大事故隐患的，本部分不得分。
2. 采煤工作面评分 按表 8.3－1 评分，总分为 100 分。按照所检查存在的问题进行扣分，各小项分数扣完为止。 水力采煤、柔性掩护支架开采急倾斜煤层、台阶式采煤、房柱式采煤、充填开采等本部分未涉及的工艺方法，其评分参照工艺相近或相似工作面的评分标准执行。 项目内容中有缺项时按式 (1) 进行折算： $$A_i = \frac{100}{100 - B_i} \times C_i \quad (1)$$ 式中 A_i——采煤工作面实得分数； B_i——采煤工作面缺项标准分数； C_i——采煤工作面检查得分数。
3. 采煤部分评分 按照所检查各采煤工作面的平均考核得分作为采煤部分标准化得分，按式 (2) 进行计算： $$A = \frac{1}{n}\sum_{i=1}^{n} A_i \quad (2)$$ 式中 A——煤矿采煤部分安全生产标准化得分； n——检查的采煤工作面个数； A_i——检查的采煤工作面得分。
4. 附加项评分 符合要求的得分，不符合要求的不得分也不扣分。附加项得分计入本部分总得分。

续表

4.1.3　采煤
3. 机电设备。**机械设备及配套系统设备完好、保护有效、运转正常；辅助运输系统符合要求，安全设施齐全有效；通信系统畅通。**
4. 文明生产。**作业场所照明充足；图牌板齐全、清晰；物料分类码放整齐，管线吊挂规范；巷道底板平整，无杂物，无淤泥，无积水。**
二、评分方法
1. 存在重大事故隐患的，本部分不得分。
2. 采煤工作面按表 4.1.3 评分， 总分为 100 分。按照所检查存在的问题进行扣分，各小项分数扣完为止。 柔性掩护支架开采急倾斜煤层、台阶式采煤、**连续采煤机开采**、充填开采等本部分未涉及的**顶板管理评分，结合《煤矿安全规程》规定和本评分标准执行。**
3. **采煤专业评分为所检查各采煤工作面的平均考核得分，按式（1）进行计算：** $$A = \frac{1}{n}\sum_{i-1}^{n} A_i \quad (1)$$ **式中**　A——采煤部分**实得分数；** n——检查的采煤工作面个数； A_i——检查的采煤工作面得分。
4. 附加项评分 符合要求的得分，不符合要求的不得分也不扣分。附加项得分计入本**专业**总得分，**最多加 2 分。**

续表

<table>
<tr><td colspan="2">8.3 采煤</td></tr>
<tr><td>基 本 要 求</td><td>评 分 方 法</td></tr>
<tr><td colspan="2">一、基础管理</td></tr>
<tr><td colspan="2"></td></tr>
<tr><td></td><td></td></tr>
<tr><td colspan="2">规程措施</td></tr>
<tr><td>1. 作业规程符合《煤矿安全规程》等要求；采煤工作面地质条件发生变化时，及时修改作业规程或补充安全技术措施；
2. 矿总工程师至少每两个月组织对作业规程及贯彻实施情况进行复审，且有复审意见；
3. 工作面安装、初次放顶、强制放顶、收尾、回撤、过地质构造带、过老巷、过煤柱、过冒顶区、过钻孔、过陷落柱等，以及托伪顶开采时，制定安全技术措施并组织实施；
4. 作业规程中支护方式的选择、支护强度的计算有依据；
5. 作业规程中各种附图完整规范；
6. 放顶煤开采工作面开采设计制定有防瓦斯、防灭火、防水等灾害治理专项安全技术措施，并按规定进行审批和验收</td><td>查现场和资料。内容不全，缺 1 项扣 1 分，1 项不符合要求扣 0.5 分</td></tr>
<tr><td colspan="2">监测</td></tr>
<tr><td>1. 采煤工作面实行顶板动态和支护质量监测；进、回风巷实行围岩变形观测，锚杆支护有顶板离层监测；
2. 监测观测有记录，记录数据符合实际；
3. 异常情况有处理意见并落实；
4. 对观测数据进行规律分析，有分析结果</td><td>查现场和资料。未监测或观测不得分；其余不符合要求 1 处扣 0.5 分</td></tr>
</table>

续表

4.1.3　采煤	
基本要求	评分方法
一、基础管理	
生产布局	
按批准的设计布置采煤工作面，个数符合《煤矿安全规程》要求。	**查现场和资料。不符合要求不得分**
规程措施	
1. 作业规程**编制和内容**符合《煤矿安全规程》等**相关**要求；支护方式的选择、支护强度的计算有依据；工作面条件发生变化时，及时修改作业规程或补充安全技术措施； 2. 工作面安装**拆除**、初次放顶、强制放顶、收尾、**遇顶底板松软或者破碎、过断层、过老空区、过空巷**、过煤柱、过冒顶区、过钻孔、过陷落柱、**巷道维修**、托伪顶开采等，编制安全技术措施并组织实施； 3. 规程措施在施工前审批完成并贯彻； 4. **煤**矿总工程师至少每 **2** 个月组织对作业规程进行复审，**并**有复审意见	查现场和资料。内容不全，缺 1 项扣 1 分；**其他**不符合要求 1 处扣 0.5 分
矿压监测	
1. 工作面**进行支护质量检查和顶板动态监测**；进、回风巷**开展**围岩**表面位移观测**，锚杆支护巷道有顶板离层监测； 2. 观测、监测有记录，记录数据符合实际；**每月至少分析 1 次观测数据的变化规律，形成报告指导安全生产；** **3. 顶板离层临界值在作业规程中规定，超过临界值时顶板有加固措施**	查现场和资料。**未检查**、观测和监测不得分；**其他**不符合要求 1 处扣 0.5 分

续表

8.3　采煤	
基 本 要 求	评 分 方 法
支护材料	
支护材料有管理台账，单体液压支柱完好，使用 8 个月应进行检修和压力试验，记录齐全；现场备用支护材料和备件符合作业规程要求	查现场和资料。不符合要求 1 处扣 0.5 分
采煤机械化	
采煤工作面采用机械化开采	查现场。未使用机械化开采不得分
二、质量与安全	
顶板管理	
1. 工作面液压支架初撑力不低于额定值的 80%，现场每台支架有检测仪表；单体液压支柱初撑力符合《煤矿安全规程》要求	查现场。沿工作面均匀选 10 个点现场测定，1 点不符合要求扣 0.5 分
2. 工作面支架中心距（支柱间排距）偏差不超过 100 mm，侧护板正常使用，架间间隙不超过 100 mm（单体支柱间距偏差不超过 100 mm）；支架（支柱）不超高使用，支架（支柱）高度与采高相匹配，控制在作业规程规定的范围内，支架的活柱行程余量不小于 200 mm（企业特殊定制支架、支柱以其技术指标为准）	查现场。沿工作面均匀选 10 个点现场测定，1 点不符合要求扣 1 分
3. 液压支架接顶严实，相邻支架（支柱）顶梁平整，无明显错茬（不超过顶梁侧护板高的 2/3），支架不挤不咬；采高大于 3.0 m 或片帮严重时，应有防片帮措施；支架前梁（伸缩梁）梁端至煤壁顶板垮落高度不大于 300 mm。高档普采（炮采）工作面机道梁端至煤壁顶板垮落高度不大于 200 mm，超过 200 mm 时采取有效措施	查现场和资料。不符合要求 1 处扣 1 分

续表

4.1.3 采煤	
基 本 要 求	评 分 方 法
支护材料	
1. 单体液压支柱完好，**有固定编号，单体液压支柱入井前逐根进行压力试验，在工作面回采结束或**使用8个月后应进行检修和压力试验，记录齐全； 2. 现场备用材料和备件，**规格、型号、数量及存放地点**符合作业规程要求	查现场和资料。不符合要求1处扣0.5分
采煤机械化	
采用**综合**机械化开采	查现场**或资料**。未采用**综合**机械化开采**得 0.5 分**
二、质量与安全	
顶板管理	
工作面液压支架初撑力不低于**泵站额定工作压力**的80%，现场每台支架有检测仪表；单体液压支柱初撑力符合《煤矿安全规程》要求	查现场。沿工作面均匀选10个点现场测定，不符合要求1处扣0.5分
工作面支架中心距（支柱间排距）偏差不**大于**100 mm；侧护板正常使用，架间间隙不**大于**100 mm；**工作面煤壁、刮板输送机、支架（支柱）保持直线，支架（支柱）直线偏差不超过 50 mm**	查现场。沿工作面均匀选10个点现场测定，不符合要求1处扣**0.5**分
液压支架接顶严实，支架不挤不咬，**架间高差不超过侧护板高 2/3**；采高大于3.0 m或片帮严重时，**液压支架设护帮板；采高大于 4.5 m 时，有防片帮伤人措施**；支架前梁（伸缩梁）梁端至煤壁顶板垮落高度**符合作业规程要求**。高档普采（炮采）工作面机道梁端至煤壁顶板垮落高度不大于200 mm，超过200 mm时采取有效措施，**采空区侧挡矸有效**	查现场。不符合要求1处扣**0.5**分

续表

8.3　采煤	
基 本 要 求	评 分 方 法
4. 支架顶梁与顶板平行，最大仰俯角不大于 7°（遇断层、构造带、应力集中区在保证支护强度条件下，应满足作业规程或专项安全措施要求）；支架垂直顶底板，歪斜角不大于 5°；支柱迎山角符合作业规程规定	查现场和资料。不符合要求 1 处扣 0.5 分
5. 工作面液压支架（支柱顶梁）端面距符合作业规程规定。工作面“三直一平”，液压支架（支柱）排成一条直线，其偏差不超过 50 mm。工作面伞檐长度大于 1 m 时，其最大突出部分，薄煤层不超过 150 mm，中厚以上煤层不超过 200 mm；伞檐长度在 1 m 及以下时，最突出部分薄煤层不超过 200 mm，中厚煤层不超过 250 mm	查现场和资料。不符合要求 1 处扣 1 分
7. 工作面内特殊支护齐全；进回风巷工作面端头处及时退锚；顶板不垮落、悬顶距离超过作业规程规定的，停止采煤，采取人工强制放顶或者其他措施进行处理	查现场和资料。1 处不符合要求不得分
8. 不随意留顶煤、底煤开采，留顶煤、托夹矸开采时，制定专项措施	查现场和资料。不符合要求 1 处扣 0.5 分，无专项措施不得分
9. 工作面因顶板破碎或分层开采，需要铺设假顶时，按照作业规程的规定执行	查现场和资料。不符合要求 1 处扣 0.5 分
10. 工作面控顶范围内顶底板移近量按采高不大于 100 mm/m；底板松软时，支柱应穿柱鞋，钻底小于 100 mm；工作面顶板不应出现台阶式下沉	查现场。不符合要求 1 处扣 0.5 分
6. 工作面内液压支架（支柱）编号管理，牌号清晰	查现场。不符合要求 1 处扣 0.5 分

续表

4.1.3 采煤	
基本要求	评分方法
液压支架顶梁与顶板平行，最大仰俯角不大于7°（遇断层、构造带、**空巷**、应力集中区等，在保证支护强度条件下，满足作业规程或专项安全措施要求）；支架垂直顶底板，歪斜角不大于5°；支柱迎山角符合**要求**	查现场。不符合要求1处扣0.5分
工作面液压支架（支柱顶梁）端面距符合作业规程要求。工作面伞檐长度大于1 m时，其最大突出部分，薄煤层不超过150 mm，中厚以上煤层不超过200 mm；伞檐长度在1 m及以下时，最突出部分薄煤层不超过200 mm，中厚以上煤层不超过250 mm	查现场。不符合要求1处扣**0.5**分
工作面内特殊支护**措施完备且满足要求**；顶板不垮落、悬顶**范围**超过作业规程规定**时**停止采煤，采取人工强制放顶或其他措施进行处理	查现场。**悬顶未采取措施不得分，不符合要求1处扣1分**
不随意留顶、底煤开采，留顶煤、托夹矸开采时，**应**制定专项**安全**措施	查现场和资料。无措施不得分，不符合要求1处扣0.5分
工作面因顶板破碎或分层开采，需要铺设假顶时，按照作业规程的规定执行	查现场。不符合要求1处扣0.5分
工作面控顶范围内顶底板移近量按采高不大于100 mm/m；底板松软时，支柱应穿柱鞋，钻底小于100 mm；工作面顶板不应出现台阶式下沉；**支架（支柱）不超高使用，支架（支柱）高度与采高相匹配，控制在作业规程规定的范围内，支架的活柱行程余量不小于200 mm（企业特殊定制支架、支柱以其技术指标为准）**	查现场。不符合要求1处扣0.5分
工作面支架（支柱）**及超前支护**编号管理，牌号清晰	查现场。不符合要求1处扣0.5分

续表

8.3　采煤	
基 本 要 求	评 分 方 法
安全出口与端头支护	
1. 工作面安全出口畅通，人行道宽度不小于 0.8 m，综采（放）工作面安全出口高度不低于 1.8 m，其他工作面不低于 1.6 m。工作面两端第一组支架与巷道支护间净距不大于 0.5 m，单体支柱初撑力符合《煤矿安全规程》规定	查现场。1 处不符合要求不得分
3. 进、回风巷超前支护距离不小于 20 m，支柱柱距、排距允许偏差不大于 100 mm，支护形式符合作业规程规定；进、回风巷与工作面放顶线放齐（沿空留巷除外），控顶距应在作业规程中规定；挡矸有效	查现场和资料。超前支护距离不符合要求不得分，其他不符合要求 1 处扣 0.5 分
安全设施	
2. 设备转动外露部位、溜煤眼及煤仓上口等人员通过的地点有可靠的安全防护设施	查现场。不符合要求 1 处扣 1 分
3. 单体液压支柱有防倒措施；工作面倾角大于 15°时，液压支架有防倒、防滑措施，其他设备有防滑措施；倾角大于 25°时，有防止煤（矸）窜出伤人的措施	查现场。不符合要求 1 处扣 1 分
4. 行人通过的刮板输送机机尾设盖板；带式输送机行人跨越处有过桥；工作面刮板输送机信号闭锁符合要求	查现场。不符合要求 1 处扣 0.5 分

续表

4.1.3　采煤	
基 本 要 求	评 分 方 法
安全出口与巷道支护	
工作面安全出口畅通，人行道宽度不小于 0.8 m，综采（放）工作面安全出口高度不低于 1.8 m，其他工作面不低于 1.6 m；安全出口以外巷道高度不低于 2 m，支护完好；工作面两端第一组支架与上下顺槽巷道顶板支护间净距不大于 0.5 m；超前支护设备初撑力符合作业规程要求；单体液压支柱初撑力符合《煤矿安全规程》要求	查现场。**安全出口不符合要求不得分；其他不符合要求 1 处扣 0.5 分**
1. 进、回风巷超前加强支护距离、支护形式**以及架棚巷道超前替棚距离**符合作业规程规定，支柱柱距、排距允许偏差不大于 100 mm；**采用密集支柱切顶时，支柱数量符合作业规程要求**；挡矸有效	查现场。超前加强支护距离不符合要求不得分；其他不符合要求 1 处扣 0.5 分
安全设施	
工作面每 50 架或 75 m、安全出口、转载机头、带式输送机头和机尾安装视频摄像头，视频有效监控作业区域	**查现场。不符合要求 1 处扣 1 分**
设备转动外露部位，溜煤（矸）眼及煤仓上口等人员通过地点应有可靠的安全防护设施	查现场。不符合要求**不得分**
单体液压支柱、**超前支护设备防倒措施符合作业规程要求**；工作面倾角大于 15°时，液压支架有防倒、防滑措施，其他设备有防滑措施；倾角大于 25°时，有防止煤（矸）窜出伤人的措施	查现场。**未制定措施**、不符合要求 1 处扣 1 分
行人通过的刮板输送机机尾设盖板；带式输送机、转载机行人跨越处有过桥	查现场。不符合要求**不得分**
各种液压设备操纵阀手把能实现自动闭锁或有限位装置；液压支架电液控制装置控制器有防护，架间主进回液管有护套	**查现场。不符合要求 1 处扣 1 分**

续表

8.3　采煤	
基 本 要 求	评 分 方 法
5. 破碎机安全防护装置齐全有效	查现场。不符合要求不得分
1. 各转载点有喷雾降尘装置，带式输送机机头、乳化液泵站、配电点等场所消防设施齐全	查现场。1 处不符合要求扣 0.5 分
三、机电设备	
设备管理	
1. 泵站： (1) 乳化液泵站完好，乳化液泵站压力综采（放）工作面不小于 30 MPa，炮采、高档普采工作面不小于 18 MPa，乳化液（浓缩液）浓度符合产品技术标准要求，并在作业规程中明确规定； (2) 液压系统无漏、窜液，部件无缺损，管路无挤压，连接销使用规范；注液枪完好，控制阀有效； (3) 采用电液阀控制时，净化水装置运行正常，水质、水量满足要求； (4) 各种液压设备及辅件合格、齐全、完好，控制阀有效，耐压等级符合要求，操纵阀手把有限位装置	查现场和资料。不符合要求 1 处扣 1 分
设备管理	
2. 采（刨）煤机： (1) 采（刨）煤机完好； (2) 采煤机有停止工作面刮板输送机的闭锁装置； (3) 采（刨）煤机设置甲烷断电仪或者便携式甲烷检测报警仪，且灵敏可靠； (4) 采（刨）煤机截齿、喷雾装置、冷却系统符合规定，内外喷雾有效； (5) 采（刨）煤机电气保护齐全可靠； (6) 刨煤机工作面至少每隔 30 m 装设能随时停止刨头和刮板输送机的装置或向刨煤机司机发送信号的装置；有刨头位置指示器； (7) 大中型采煤机使用软启动控制装置； (8) 采煤机具备遥控功能	查现场和资料。第（1）~（6）项不符合要求 1 处扣 0.5 分，第（7）~（8）项不符合要求 1 处扣 0.1 分

续表

4.1.3 采煤	
基 本 要 求	评 分 方 法
破碎机入口前安装急停闭锁装置，入口处安装3根以上防护链；转载机未封闭段有安全防护	查现场。不符合要求**1**处扣**1**分
带式输送机机头、乳化液泵站、配电点、**防爆型柴油动力装置、油脂存放地点**消防设施齐全	查现场。不符合要求1处扣**1分**
三、机电设备	
液压系统	
1. 乳化液泵站完好，乳化液泵站压力综采（放）工作面不小于30 MPa，炮采、高档普采工作面不小于18 MPa，乳化液（浓缩液）浓度符合产品技术标准要求，并在作业规程中明确规定； 2. 液压系统无漏、窜液，部件无缺损，管路无挤压，连接销使用规范；注液枪完好； 3. 采用电液阀控制时，净化水装置运行正常，水质、水量满足要求； 4. 各种液压设备及辅件合格、齐全、完好，控制阀有效，耐压等级符合要求	查现场和资料。不符合要求1处扣**0.5分**
采（刨）煤机	
1. 采（刨）煤机完好；**电气保护齐全可靠；** 2. 采煤机有停止工作面刮板输送机的闭锁装置； 3. 采（刨）煤机设置甲烷断电仪且灵敏可靠； 4. 采（刨）煤机截齿、喷雾装置、冷却系统符合规定，喷雾有效； 5. 刨煤机工作面至少每隔30 m装设能随时停止刨头和刮板输送机的装置或向刨煤机司机发送信号的装置；有刨头位置指示器； 6. 采煤机具备遥控功能	查现场和资料。**不符合要求1处扣0.5分**

续表

8.3 采煤	
基 本 要 求	评 分 方 法
设备管理	
3. 刮板输送机、转载机、破碎机: (1) 刮板输送机、转载机、破碎机完好; (2) 使用刨煤机采煤、工作面倾角大于 12°时，配套的刮板输送机装设防滑、锚固装置; (3) 刮板输送机机头、机尾固定可靠; (4) 刮板输送机、转载机、破碎机的减速器与电动机采用软连接或软启动控制，液力偶合器不使用可燃性传动介质（调速型液力偶合器不受此限），使用合格的易熔塞和防爆片; (5) 刮板输送机安设有能发出停止和启动信号的装置; (6) 刮板输送机、转载机、破碎机电气保护齐全可靠，电机采用水冷方式时，水量、水压符合要求	查现场和资料。不符合要求 1 处扣 0.5 分
设备管理	
4. 带式输送机: (1) 带式输送机完好，机架、托辊齐全完好，胶带不跑偏; (2) 带式输送机电气保护齐全可靠; (3) 带式输送机的减速器与电动机采用软连接或软启动控制，液力偶合器不使用可燃性传动介质（调速型液力偶合器不受此限），并使用合格的易熔塞和防爆片; (4) 使用阻燃、抗静电胶带，有防打滑、防堆煤、防跑偏、防撕裂保护装置，有温度、烟雾监测装置，有自动洒水装置; (5) 带式输送机机头、机尾固定牢固，机头有防护栏，有消防设施，机尾使用挡煤板，有防护罩；在大于 16°的斜巷中带式输送机设置防护网，并采取防止物料下滑、滚落等安全措施; (6) 连续运输系统有连锁、闭锁控制装置，	查现场和资料。第（1）~（8）项不符合要求 1 处扣 0.5 分，第（9）项不符合要求扣 0.1 分

续表

4.1.3　采煤	
基 本 要 求	评 分 方 法
刮板输送机、转载机、破碎机	
1. 刮板输送机、转载机、破碎机完好； 2. 使用刨煤机采煤、工作面倾角大于12°时，配套的刮板输送机装设防滑、锚固装置； 3. 刮板输送机机头、机尾固定可靠； 4. 刮板输送机、转载机、破碎机的减速器与电动机采用软连接或软启动控制，液力偶合器不使用可燃性传动介质（调速型液力偶合器不受此限），使用合格的易熔塞或防爆片； 5. 刮板输送机安设能发出停止、启动信号**和通信的装置，间距不超过15 m；** 6. 刮板输送机、转载机、破碎机电气保护齐全可靠，电机采用水冷方式时，水量、水压符合要求	查现场。不符合要求1处扣0.5分
带式输送机	
1. 机架**编号管理，滚筒**、托辊齐全**且转动灵活；** 2. 电气保护齐全可靠； 3. 使用阻燃、抗静电胶带；**装设**防打滑、防堆煤、防跑偏、防撕裂保护装置，以及温度、烟雾监测**和**自动洒水装置，**定期进行保护试验；** 4. 上运式带式输送机装设防逆转装置和制动装置，下运式带式输送机装设软制动装置和防超速保护装置； 5. 减速器与电动机采用软连接或软启动控制，液力偶合器不使用可燃性传动介质（调速型液力偶合器不受此限），使用合格的易熔塞和防爆片； 6. 连续运输系统有连锁、闭锁控制装置；机头、机尾及全线安设通信和信号装置，间距不超过200 m，沿线**安设**有效的急停装置； 7. 机头、机尾固定牢固，机头有防护栏，机尾使用挡煤板**且**有防护罩；在大于16°的斜巷中带式输送机设置防护网，并采取防止物料下滑、滚落等安全措施	查现场和资料。**输送带入井前未经过第三方阻燃和抗静电性能试验或者试验不合格入井，输送带防打滑、跑偏、堆煤等保护装置或者温度、烟雾监测装置失效的该项不得分，其他不符合要求1处扣0.5分**

续表

8.3 采煤	
基 本 要 求	评 分 方 法
机头、机尾及全线安设通信和信号装置，安设间距不超过 200 m； (7) 上运式带式输送机装设防逆转装置和制动装置，下运式带式输送机装设软制动装置和防超速保护装置； (8) 带式输送机安设沿线有效的急停装置； (9) 带式输送机系统宜采用无人值守集中综合智能控制方式	
设备管理	
5. 辅助运输设备完好，制动可靠，安设符合要求，声光信号齐全；轨道铺设符合要求；钢丝绳及其使用符合《煤矿安全规程》要求，检验合格	查现场。不符合要求 1 处扣 0.5 分
设备管理	
6. 通信系统畅通可靠，工作面每隔 15 m 及变电站、乳化液泵站、各转载点有语音通信装置；监测、监控设备运行正常，安设位置符合规定	查现场。不符合要求 1 处扣 0.5 分
设备管理	
7. 小型电器排列整齐，干净整洁，性能完好；机电设备表面干净，无浮煤积尘；移动变电站完好；接地线安设规范；开关上架，电气设备不被淋水；移动电缆有吊挂、拖曳装置	查现场。1 处不符合要求不得分
五、文明生产	
面内环境	
工作面内管路敷设整齐，液压支架内无浮煤、积矸，照明符合规定	查现场。不符合要求 1 项扣 0.5 分

续表

4.1.3　采煤	
基 本 要 求	评 分 方 法
辅助运输	
设备完好，制动可靠，**安全设施有效**，声光信号齐全；**倾斜巷道阻（挡）车装置有效；运输巷与运输设备最突出部分的最小间距**、钢丝绳及其使用符合《煤矿安全规程》要求	查现场**和资料**。不符合要求 1 处扣 0.5 分
通信系统	
通信系统畅通，工作面每隔 15 m、变电站、乳化液泵站、各转载点安设语音通信装置	查现场。不符合要求 1 处扣 0.5 分
电气设备	
小型电器排列整齐，干净整洁，性能完好；移动变电站完好；接地保护规范有效；开关上架，电气设备不被淋水；移动电缆有吊挂、拖曳装置	查现场。不符合要求 1 处扣 0.5 分
四、文明生产	
照明管理	
泵站、休息地点、转载点、硐室、车场、带式输送机机头和机尾、挖掘机作业处等场所有照明；综合机械化采煤工作面照明灯间距不大于 15 m，上下顺槽照明灯间距不大于 30 m	查现场。不符合要求 1 处扣 0.5 分

续表

8.3　采煤	
基 本 要 求	评 分 方 法
面外环境	
1. 电缆、管线吊挂整齐，泵站、休息地点、油脂库、带式输送机机头和机尾等场所有照明；图牌板（工作面布置图、设备布置图、通风系统图、监测通信系统图、供电系统图、工作面支护示意图、正规作业循环图表、避灾路线图，炮采工作面增设的炮眼布置图、爆破说明书等）齐全，清晰整洁；巷道每隔 100 m 设置醒目的里程标志	查现场。不符合要求 1 项扣 0.5 分
面外环境	
3. 巷道及硐室底板平整，无浮碴及杂物，无淤泥，无积水；管路、设备无积尘；物料分类码放整齐，有标志牌，设备、物料放置地点与通风设施距离大于 5 m	查现场。不符合要求 1 项扣 0.5 分
附加项	
技术进步	
采用智能化采煤工作面，生产时作业人数不超过 5 人	查现场。符合要求得 2 分
8.4　掘进	
一、工作要求（风险管控）	
1. 生产组织 （1）煤巷、半煤岩巷宜采用综合机械化掘进，综合机械化程度不低于 50%，并持续提高机械化程度； （2）掘进作业应组织正规循环作业，按循环作业图表进行施工； （3）采用机械化装运煤（矸），人工运输材料距离不超过 300 m；	

续表

4.1.3　采煤	
基 本 要 求	评 分 方 法
牌板管理	
1. 材料、设备有标志牌； **2. 工作面通风系统图、工作面设备布置图、避灾路线图、正规作业循环图表图牌板齐全、清晰；** 3. 巷道**至少**每 100 m 设置醒目的里程标志	查现场。不符合要求 1 处扣 0.5 分
作业环境	
1. 物料分类码放整齐；电缆、管路吊挂规范；管路、设备无积尘；各转载点有喷雾降尘装置； 2. 巷道及硐室底板平整，无浮碴及杂物，无淤泥，无积水；**工作面内无杂物，无浮煤，无积矸**	查现场。不符合要求 1 处扣 0.5 分
附加项	
技术进步	
建成智能化采煤工作面**并正常运行**	查现场。符合要求**加** 2 分
4.1.4　掘进	
一、工作要求	
1. 基础管理。按照批准的采（盘）区设计布置掘进工作面；编制作业规程；强化矿压监测分析，顶板离层超过临界值有加固措施；支护材料符合设计要求；持续提升掘进机械化水平。	

续表

8.4 掘进
(4) 掘进队伍工种配备满足作业要求。 3. 技术保障 (1) 有矿压观测、分析、预报制度; (2) 按地质及水文地质预报采取针对性措施; (3) 坚持"有疑必探,先探后掘"的原则; (4) 掘进工作面设计、作业规程编制审批符合要求,贯彻记录齐全;地质条件等发生变化时,对作业规程及时进行修改或补充安全技术措施; (5) 作业场所有规范的施工图牌板。
4. 工程质量与安全 (1) 建立工程质量考核验收制度,验收记录齐全; (2) 规格质量、内在质量、附属工程质量、工程观感质量符合《煤矿井巷工程质量验收规范》(GB 50213—2010) 要求; (3) 巷道支护材料规格、品种、强度等符合设计要求; (4) 掘进工作面控顶距符合作业规程要求,杜绝空顶作业;临时支护符合规定,安全设施齐全可靠; (5) 无失修的巷道。
2. 设备管理 (1) 掘进机械设备完好,装载设备照明、保护及其他防护装置且齐全可靠,使用正常; (2) 运输系统设备配置合理,无制约因素; (3) 运输设备完好整洁,附件齐全、运转正常,电气保护齐全可靠;减速器与电动机实现软启动或软连接; (4) 运输机头、机尾固定牢固,行人处设过桥; (5) 轨道运输各种安全设施齐全可靠。
6. 文明生产 (1) 作业场所卫生整洁;工具、材料等分类、集中放置整齐,有标志牌; (2) 设备设施保持完好状态; (3) 巷道中有醒目的里程标志; (4) 转载点、休息地点、车场、图牌板及硐室等场所有照明。

续表

4.1.4 掘进
2. 质量与安全。强化工程质量管理，支护形式、支护参数、施工质量等符合设计和作业规程要求，特殊地段有加强支护措施；安全设施齐全有效。
3. 机电设备。机械设备及配套系统设备完好、保护有效、运转正常；辅助运输系统符合要求，安全设施齐全有效；通信系统畅通。
4. 文明生产。作业场所照明充足；图牌板齐全、清晰；物料分类码放整齐，管线吊挂规范；巷道底板平整，无杂物，无淤泥，无积水。

续表

<table>
<tr><td colspan="2">8.4　掘进</td></tr>
<tr><td colspan="2">二、评分方法</td></tr>
<tr><td colspan="2">1. 存在重大事故隐患的，本部分不得分。</td></tr>
<tr><td colspan="2">2. 掘进工作面评分
按表8.4－1评分，总分为100分。按照所检查存在的问题进行扣分，各小项分数扣完为止。
项目内容中有缺项时按式（1）进行折算：
$$A_i = \frac{100}{100 - B_i} \times C_i \quad (1)$$
式中　A_i——掘进工作面实得分数；
B_i——掘进工作面缺项标准分数；
C_i——掘进工作面检查得分数。</td></tr>
<tr><td colspan="2">3. 掘进部分评分
按照所检查各掘进工作面的平均考核得分作为掘进部分标准化得分，按式（2）进行计算：
$$A = \frac{1}{n}\sum_{i=1}^{n} A_i \quad (2)$$
式中　A——煤矿掘进部分安全生产标准化得分；
n——检查的掘进工作面个数；
A_i——检查的掘进工作面得分。</td></tr>
<tr><td colspan="2">4. 附加项评分
符合要求的得分，不符合要求的不得分也不扣分。附加项得分计入本部分总得分。</td></tr>
<tr><td>基 本 要 求</td><td>评 分 方 法</td></tr>
<tr><td colspan="2">三、技术保障</td></tr>
<tr><td colspan="2"></td></tr>
<tr><td></td><td></td></tr>
</table>

续表

4.1.4 掘进	
二、评分方法	
1. 存在重大事故隐患的，本部分不得分。	
2. 掘进工作面按表 **4.1.4－1** 评分，总分为 100 分。按照所检查存在的问题进行扣分，各小项分数扣完为止。	
3. 掘进**专业**评分**为**所检查各掘进工作面的平均考核得分，按式（1）进行计算： $$A = \frac{1}{n}\sum_{i=1}^{n} A_i \quad (1)$$ **式中** A——掘进部分**实得**分数； n——检查的掘进工作面个数； A_i——检查的掘进工作面得分。	
4. 附加项评分 符合要求的**最多加 2 分**，不符合要求的不得分也不扣分。附加项得分计入本**专业**总得分。	
基 本 要 求	评 分 方 法
一、基础管理	
生产布局	
按批准的设计布置掘进工作面；个数符合《煤矿安全规程》规定	**查现场和资料。不符合要求不得分**

续表

8.4 掘进	
基 本 要 求	评 分 方 法
规程措施	
1. 作业规程编制、审批符合要求，矿总工程师至少每两个月组织对作业规程及贯彻实施情况进行复审，且有复审意见；当设计、工艺、支护参数、地质及水文地质条件等发生较大变化时，及时修改完善作业规程或补充安全措施并组织实施； 2. 作业规程中明确巷道施工工艺、掘进循环进尺、临时支护及永久支护的形式和支护参数、距掘进工作面的距离等，并制定防止冒顶、片帮的安全措施； 3. 巷道有经审批符合要求的设计，巷道开掘、贯通前组织现场会审并制定专项安全措施； 4. 过采空区、老巷、断层、破碎带和岩性突变地带应有针对性措施，加强支护	查现场和资料。无设计或作业规程、审批手续不合格或无措施施工的扣5分，其他不符合要求1处扣1分
监测控制	
1. 煤巷、半煤岩巷锚杆、锚索支护巷道进行顶板离层观测，并填写记录牌板；进行围岩观测并分析、预报，根据预报调整支护设计并实施； 2. 根据地质及水文地质预报制定安全技术措施，落实到位； 3. 做到有疑必探，先探后掘	查现场和资料。1项不符合要求不得分
材料质量	
1. 各种支架及其构件、配件的材质、规格，以及背板和充填材质、规格符合设计要求； 2. 锚杆（索）的杆体及配件、网、锚固剂、喷浆材料等材质、品种、规格、强度等符合设计要求	查现场和资料。现场使用不合格材料不得分，其他不符合要求1处扣1分

续表

4.1.4 掘进	
基本要求	评分方法
规程措施	
1. 掘进工作面开工前编制作业规程，内容符合相关要求：明确巷道施工工艺、循环进尺、**空顶距**、临时支护及永久支护的形式和支护参数，**有**防止冒顶、片帮的安全措施；**现场条件发生变化时**，及时修改作业规程或补充安全**技术**措施； 2. 大型设备安装拆除、大硐室开凿、巷道维修、贯通以及过断层、采空区、破碎带等应编制安全技术措施并组织实施； 3. 规程措施在施工前完成审批并贯彻； 4. **煤矿**总工程师至少每2个月组织对作业规程进行复审，并有复审意见	查现场和资料。**内容不全，缺1项扣1分；**其他不符合要求1项扣0.5分
矿压监测	
1. **巷道开展围岩表面位移观测，**煤巷、半煤岩巷锚杆（索）支护巷道有顶板离层监测； **2. 观测、监测有记录，记录数据符合实际；每月至少对观测数据进行1次规律分析，形成报告指导安全生产；** **3. 顶板离层临界值在作业规程中规定，超过临界值时顶板有加固措施**	查现场和资料。**未观测和监测不得分，其他不符合要求1处扣0.5分**
支护材料	
1. **建立支护材料验收、抽样检验制度；支护材料及配件的**材质、品种、规格、强度等符合设计要求； 2. **备用材料和备件规格、型号、数量及存放地点符合作业规程要求**	查现场和资料。**未建立制度扣1分；**现场使用不合格材料不得分；其他不符合要求1处扣0.5分

续表

8.4　掘进	
基 本 要 求	评 分 方 法
机械化程度	
1. 煤巷、半煤岩巷综合机械化程度不低于50%； 2. 条件适宜的岩巷宜采用综合机械化掘进； 3. 采用机械装、运煤（矸）； 4. 材料、设备采用机械运输，人工运料距离不超过 300 m	查现场和资料。煤巷、半煤岩巷综合机械化程度不符合要求、没有采用机械化装运煤（矸）不得分，条件适宜的岩巷没有采用综掘的扣 0.1 分，人工运料距离超过规定每增加 20 m 扣 0.1 分
四、工程质量与安全	
规格质量	
1. 巷道净宽偏差符合以下要求：锚网（索）、锚喷、钢架喷射混凝土巷道有中线的 0～100 mm，无中线的 -50～200 mm；刚性支架、预制混凝土块、钢筋混凝土弧板、钢筋混凝土巷道有中线的 0～50 mm，无中线的 -30～80 mm；可缩性支架巷道有中线的 0～100 mm，无中线的 -50～100 mm	查现场。按表 8.4-2 取不少于 3 个检查点现场检查，测点不符合要求但不影响安全使用的 1 处扣 0.5 分，影响安全使用的扣 3 分
2. 巷道净高偏差符合以下要求：锚网背（索）、锚喷巷道有腰线的 0～100 mm，无腰线的 -50～200 mm；刚性支架巷道有腰线的 -30～50 mm，无腰线的 -30～50 mm；钢架喷射混凝土、可缩性支架巷道 -30～100 mm；裸体巷道有腰线的 0～150 mm，无腰线的 -30～200 mm；预制混凝土、钢筋混凝土弧板、钢筋混凝土有腰线的 0～50 mm，无腰线的 -30～80 mm	查现场。按表 8.4-2 取不少于 3 个检查点检查，测点不符合要求但不影响安全使用的 1 处扣 0.5 分，影响安全使用的 1 处扣 3 分
3. 有坡度要求的巷道，坡度偏差不得超过 ±1‰	查现场。按表 8.4-2 取不少于 3 个检查点检查，不符合要求 1 处扣 1 分

续表

4.1.4 掘进	
基本要求	评分方法
掘进机械化	
1. 煤巷、半煤岩巷**和**条件适宜的岩巷宜采用综合机械化掘进，**掘进机械化程度不低于75%；** 2. 采用机械化装、运煤（矸）； 3. 材料、设备采用机械运输，人工运料距离不超过300 m	查现场和资料。未采用机械化装运煤（矸）不得分；**掘进机械化程度每降低1%扣0.1分；**人工运料距离每增加20 m扣0.1分
二、质量与安全	
规格质量	
巷道净宽偏差符合以下要求：锚网（索）、锚喷巷道有中线的0～100 mm，无中线的－50～200 mm；刚性支架、**砌块、混凝土与**钢筋混凝土巷道有中线的0～50 mm，无中线的－30～50 mm；**钢架喷射混凝土、**可缩性支架巷道有中线的0～100 mm，无中线的－50～100 mm	查现场。**均匀选取**3个检查点现场检查；不符合要求但不影响安全使用1处扣0.5分；影响安全使用1处扣**2分；其他不符合要求1处扣1分**
巷道净高偏差符合以下要求：锚网（索）、锚喷巷道有腰线的0～100 mm，无腰线的－50～200 mm**；刚性支架、砌块、混凝土与钢筋混凝土巷道有腰线的－30～50 mm，无腰线的－30～50 mm；钢架喷射混凝土、可缩性支架巷道有腰线的－30～100 mm，无腰线的－30～100 mm**	查现场。均匀选取3个检查点**现场**检查，不符合要求但不影响安全使用1处扣0.5分，影响安全使用1处扣**2分；其他不符合要求1处扣1分**
有坡度要求的巷道，坡度偏差不得超过±1‰	查现场。**均匀选取**3个检查点检查，不符合要求1处扣1分

续表

8.4 掘进	
基本要求	评分方法
4. 巷道水沟偏差应符合以下要求：中线至内沿距离 -50 ~ 50 mm，腰线至上沿距离 -20 ~ 20 mm，深度、宽度 -30 ~ 30 mm，壁厚 -10 mm	查现场。按表 8.4-2 取不少于 3 个检查点现场检查，不符合要求 1 处扣 0.5 分
内在质量	
1. 锚喷巷道喷层厚度不低于设计值 90%（现场每 25 m 打一组观测孔，一组观测孔至少 3 个且均匀布置），喷射混凝土的强度符合设计要求，基础深度不小于设计值的 90%	查现场和资料。未检查喷射混凝土强度扣 6 分，无观测孔扣 2 分，喷层厚度不符合要求 1 处扣 1 分，其他不符合要求 1 处扣 0.5 分
3. 锚网索巷道锚杆（索）安装、扭矩、拉拔力、网的铺设连接符合设计要求，锚杆（索）的间、排距偏差 -100 ~ 100 mm，锚杆露出螺母长度 10 ~ 50 mm（全螺纹锚杆 10 ~ 100 mm），锚索露出锁具长度 150 ~ 250 mm，锚杆与井巷轮廓线切线或与层理面、节理面、裂隙面垂直，最小不小于 75°，预应力、拉拔力不小于设计值的 90%	查现场。锚杆扭矩连续 3 个不符合要求扣 5 分，拉拔力不符合要求 1 处扣 1 分，其他不符合要求 1 处扣 0.5 分
4. 刚性支架、钢架喷射混凝土、可缩性支架巷道偏差符合以下要求：支架间距不大于 50 mm、梁水平度不大于 40 mm/m、支架梁扭距不大于 50 mm、立柱斜度不大于 1°，水平巷道支架前倾后仰不大于 1°，柱窝深度不小于设计值；撑（或拉）杆、垫板、背板的位置、数量、安设形式符合要求；倾斜巷道每增加 5° ~ 8°，支架迎山角增加 1°	查现场。按表 8.4-2 取不少于 3 个检查点现场检查，不符合要求 1 处扣 0.5 分
安全管控	

续表

4.1.4 掘进	
基 本 要 求	评 分 方 法
巷道水沟偏差应符合以下要求：中线至内沿距离 -50 ~ 50 mm，腰线至上沿距离 -20 ~ 20 mm，深度、宽度 -30 ~ 30 mm，壁厚 -10 mm	查现场。**均匀选取** 3 个检查点现场检查，不符合要求 1 处扣 0.5 分
内在质量	
锚喷巷道喷层厚度不低于设计值 90%（现场每 25 m 打一组观测孔，一组观测孔至少 3 个且均匀布置），喷射混凝土的强度符合设计要求，基础深度不小于设计值的 90%	查现场。未检测喷射混凝土强度**或**无观测孔扣 **2 分**，其他不符合要求 1 处扣 0.5 分
锚网索巷道锚杆（索）安装、扭矩、拉拔力、网的铺设连接符合设计要求，锚杆（索）的间、排距偏差 -100 ~ 100 mm，锚杆露出螺母长度 10 ~ 50 mm（全螺纹锚杆 10 ~ 100 mm），锚索露出锁具长度 150 ~ 300 mm，**锚杆角度与设计偏差不大于 5°**，预应力不小于设计值的 90%，**拉拔力值不小于设计锚固力值**	查现场。锚杆扭矩连续 3 根不符合要求扣 **2 分**，其他不符合要求 1 处扣 0.5 分
钢架喷射混凝土、刚性支架、可缩性支架巷道偏差符合以下要求：支架间距不大于 50 mm、梁水平度不大于 40 mm、支架梁扭距不大于 50 mm、立柱斜度不大于 1°，水平巷道支架前倾后仰不大于 1°，柱窝深度不小于设计值；撑（或拉）杆、垫板、背板的位置、数量、安设形式符合要求；倾斜巷道每增加 5° ~ 8°，支架迎山角增加 1°；**可缩性支架卡缆安设及螺栓扭矩符合作业规程规定**	查现场。**均匀选取** 3 个检查点现场检查，不符合要求 1 处扣 0.5 分
安全管控	
掘进迎头 15 m 范围、耙矸机处、带式输送机头和机尾安装视频摄像头，视频有效监控作业区域	**查现场。不符合要求 1 处扣 1 分**

续表

8.4　掘进	
基 本 要 求	评 分 方 法
1. 永久支护距掘进工作面距离符合作业规程规定； 2. 执行敲帮问顶制度，无空顶作业，空帮距离符合作业规程规定； 3. 临时支护形式、数量、安装质量符合作业规程要求； 4. 架棚支护棚间装设有牢固的撑杆或拉杆，可缩性金属支架应用金属拉杆，距掘进工作面 10 m 内架棚支护爆破前进行加固； 5. 无失修巷道，各种安全设施齐全可靠； 6. 压风、供水系统压力等符合施工要求； 7. 掘进机装备机载支护装置	查现场。出现空顶作业不得分，不按规程、措施施工 1 处扣 3 分，其他不符合要求 1 处扣 1 分
二、设备管理	
掘进机械	
1. 掘进施工机（工）具完好，激光指向仪、工程质量验收使用的器具（仪表）完好精准； 2. 掘进机械设备完好，截割部运行时人员不在截割臂下停留和穿越，机身与煤（岩）壁之间不站人；综掘机铲板前方和截割臂附近无人时方可启动，停止工作和交接班时按要求停放综掘机，将切割头落地，并切断电源；移动电缆有吊挂、拖	查现场和资料。掘进机械设备不完好或综掘机运行时有人员在截割臂下停留和穿越、机身与煤（岩）壁之间站人不得分；其他不符合要求 1 处扣 1 分

续表

4.1.4 掘进	
基 本 要 求	评 分 方 法
建立工程质量考核验收制度；执行敲帮问顶制度，无空顶作业；永久支护距掘进工作面距离、**临时支护、空顶距、空帮距符合作业规程要求；在松软的煤（岩）层、流砂性地层或者破碎带中掘进有超前支护或者其他措施**	查现场**和资料。未建立制度扣 1 分，**空顶作业不得分，**其他不符合要求 1 处扣 1 分**
架棚支护棚间装设有牢固的撑杆或拉杆，可缩性金属支架应用金属拉杆，距掘进工作面 10 m 内架棚支护爆破前进行加固	查现场。不符合要求 1 处扣 0.5 分
锚杆支护遇顶板破碎、淋水区，过断层、老空区、高应力区以及大倾角、大断面、交岔点等特殊地段有加强支护措施，并至少向正常地段延伸 5 m	**查现场。不符合要求 1 处扣 1 分**
设备转动外露部位，溜煤（矸）眼及煤（矸）仓上口等人员通过的地点有可靠的安全防护设施	**查现场。不符合要求 1 处扣 1 分**
各种液压设备操纵阀手把能实现自动闭锁或有限位装置	**查现场。不符合要求 1 处扣 1 分**
带式输送机机头、配电点、防爆型柴油动力装置、油脂存放地点消防设施齐全	**查现场。不符合要求 1 处扣 1 分**
三、机电设备	
掘进机械	
1. 掘进设备和施工机（工）具完好；电气保护齐全可靠； 2. 掘进机、掘锚一体机、连续采煤机非操作侧设有急停按钮（连续采煤机除外）；有前照明和尾灯；**除降尘装置有效**；停止工作时将切割头落地，**并切断电源；** 3. 掘进机、掘锚一体机、连续采煤机、梭车、锚杆钻车装设甲烷断电仪或者便携式甲烷检测报警仪； 4. 综掘工作面（锚杆支护）有机载临时支护装置； 5. 移动电缆有吊挂、拖曳装置	**查现场。第 1 ~ 3 项不符合要求 1 处扣 0.5 分；第 4 项不符合要求扣 1 分**

续表

8.4 掘进	
基 本 要 求	评 分 方 法
曳、收放、防拔脱装置，并且完好；掘进机、掘锚一体机、连续采煤机、梭车、锚杆钻车装设甲烷断电仪或者便携式甲烷检测报警仪； 3. 使用掘进机、掘锚一体机、连续采煤机掘进时，开机、退机、调机时发出报警信号，设备非操作侧设有急停按钮（连续采煤机除外），有前照明和尾灯；内外喷雾使用正常； 4. 安装机载照明的掘进机后配套设备（如锚杆钻车等）启动前开启照明； 5. 耙装机装设有封闭式金属挡绳栏和防耙斗出槽的护栏，固定钢丝绳滑轮的锚桩及其孔深和牢固程度符合作业规程规定，机身和尾轮应固定牢靠；上山施工倾角大于20°时，在司机前方设有护身柱或挡板，并在耙装机前增设固定装置；在斜巷中使用耙装机时有防止机身下滑的措施；耙装机距工作面的距离符合作业规程规定；耙装机作业时有照明； 6. 掘进机械设备有管理台账和检修维修记录	
运输系统	
1. 后运配套系统设备设施能力匹配； 2. 运输设备完好，电气保护齐全可靠，行人跨越处应设过桥； 3. 刮板输送机、带式输送机减速器与电动机实现软启动或软连接，液力偶合器不使用可燃性传动介质（调速型液力偶合器不受此限），使用合格的易熔塞和防爆片；开关上架，电气设备不被淋水；机头、机尾固定牢固； 4. 带式输送机胶带阻燃和抗静电性能符合规定，有防打滑、防跑偏、防堆煤、防撕裂等保护	查现场和资料。不符合要求1处扣1分

续表

4.1.4 掘进	
基 本 要 求	评 分 方 法
耙装机刹车装置完好、可靠；挡绳栏和防耙斗出槽的护栏，距工作面的距离，钢丝绳滑轮以及机身、尾轮的固定符合作业规程要求；斜巷中使用有防止机身下滑的措施；上山施工倾角大于 20°时，司机前方设有护身柱或挡板，并在耙装机前增设固定装置	查现场。**不符合要求 1 处扣 0.5 分**。
刮板输送机	
刮板输送机完好；液力偶合器不使用可燃性传动介质（调速型液力偶合器不受此限），使用合格的易熔塞或防爆片；机头、机尾固定可靠；行人通过处设置过桥	查现场和资料。**不符合要求 1 处扣 0.5 分**
带式输送机	
1. 机架编号管理，**滚筒**、托辊齐全、**转动灵活**； 2. 电气保护齐全可靠； 3. **使用阻燃、抗静电胶带；装设**防打滑、防堆煤、防跑偏、防撕裂保护装置，以及温度、烟雾监测和自动洒水装置，**定期进行保护试验**；	查现场和资料。**输送带入井前未经过第三方阻燃和抗静电性能试验或者试验不合格入井，输送带防打滑、跑偏、堆煤等保护装置或者温度、烟雾监测装置失效的该项不得分，其他不符合要求 1 处扣 0.5 分**

续表

8.4　掘进	
基 本 要 求	评 分 方 法
装置，装设温度、烟雾监测装置和自动洒水装置；机头、机尾应有安全防护设施；机头处有消防设施；连续运输系统安设有连锁、闭锁控制装置，机头、机尾及全线安设通信和信号装置，安设间距不超过 200 m；采用集中综合智能控制方式；上运时装设防逆转装置和制动装置，下运时装设软制动装置且装设有防超速保护装置；大于 16° 的斜巷中使用带式输送机设置防护网，并采取防止物料下滑、滚落等安全措施；机头尾处设置有扫煤器；支架编号管理；托辊齐全、运转正常； 5. 轨道运输设备安设符合要求，制动可靠，声光信号齐全；轨道铺设符合要求；钢丝绳及其使用符合《煤矿安全规程》要求；其他辅助运输设备符合规定	
六、文明生产	
灯光照明	
转载点、休息地点、车场、图牌板及硐室等场所照明符合要求	查现场。不符合要求 1 处扣 0.5 分

续表

4.1.4 掘进	
基 本 要 求	评 分 方 法
4. 上运式带式输送机装设防逆转装置和制动装置，下运式带式输送机装设软制动装置和防超速保护装置； 5. 减速器与电动机采用软连接或软启动控制，液力偶合器不使用可燃性传动介质（调速型液力偶合器不受此限），使用合格的易熔塞或防爆片； 6. 连续运输系统有连锁、闭锁控制装置，机头、机尾及全线安设通信和信号装置间距不超过200 m，**沿线安设有效的急停装置**； 7. 机头、机尾固定牢固，**机头有防护栏，机尾使用挡煤板，有防护罩**；在大于16°的斜巷中带式输送机设置防护网，并采取防止物料下滑、滚落等安全措施	
辅助运输	
设备完好，制动可靠，安全设施有效，声光信号齐全；倾斜巷道阻车装置有效；运输巷与运输设备突出部分的最小间距、钢丝绳及其使用符合《煤矿安全规程》要求	**查现场。不符合要求1处扣0.5分**
通信系统	
通信系统畅通，各转载点有语音通信装置	**查现场。不符合要求1处扣0.5分**
电气设备	
小型电器排列整齐，性能完好；移动变电站完好；接地保护规范有效；开关上架，电气设备不被淋水	**查现场。不符合要求1处扣0.5分**
四、文明生产	
照明管理	
车场、配电硐室、转载点、休息地点、施工图牌板、**带式输送机机头和机尾以及耙装机、挖掘机作业区域等场所有照明；掘进工作面距迎头100 m范围照明间距不大于30 m**	查现场。不符合要求1处扣0.5分

续表

<table>
<tr><th colspan="2">8.4 掘进</th></tr>
<tr><th>基本要求</th><th>评分方法</th></tr>
<tr><td colspan="2">作业环境</td></tr>
<tr><td>1. 现场整洁，无积尘、浮渣、淤泥、积水、杂物等，设备清洁，物料分类、集中码放整齐，管线吊挂规范；
2. 材料、设备标志牌齐全、清晰、准确，设备摆放、物料码放与胶带、轨道等留有足够的安全间隙；
3. 巷道至少每 100 m 设置醒目的里程标志</td><td>查现场。不符合要求 1 处扣 0.5 分</td></tr>
<tr><td colspan="2">附加项</td></tr>
<tr><td colspan="2">智能化</td></tr>
<tr><td>采用智能化综合掘进系统</td><td>查现场。符合要求得 1 分</td></tr>
<tr><td colspan="2">8.5 机电</td></tr>
<tr><td colspan="2">一、工作要求（风险管控）</td></tr>
<tr><td colspan="2">4. 基础管理
（1）机电管理制度完善，责任落实；
（2）机电技术管理规范、有效，机电设备选型论证、购置、安装、使用、维护、检修、更新改造、报废等综合管理程序规范，设备台账、技术图纸等资料齐全，业务保安工作持续、有效；
（3）机电设备设施安全技术性能测试、检验及探伤等及时有效。</td></tr>
<tr><td colspan="2">1. 设备与指标
（1）煤矿各类产品合格证、矿用产品安全标志、防爆合格证等证标齐全；
（2）设备综合完好率、小型电器合格率、矿灯完好率、设备待修率和事故率等达到规定要求。</td></tr>
<tr><td colspan="2">2. 煤矿机械
（1）机械设备及系统能力满足矿井安全生产需要；
（2）机械设备完好，各类保护、保险装置齐全可靠；
（3）积极采用新工艺、新技术、新装备，推进煤矿机械化、自动化、信息化、智能化建设。</td></tr>
</table>

续表

4.1.4 掘进	
基本要求	评分方法
牌板管理	
1. 材料、设备有标志牌； **2. 作业场所巷道平面布置图、施工断面图、断面截割轨迹图（炮眼布置图）、正规循环作业图表、避灾路线图等图牌板齐全、清晰；** 3. 巷道至少每 100 m 设置醒目的里程标志	查现场。不符合要求 1 处扣 0.5 分
作业环境	
1. 物料分类码放整齐；电缆、管路吊挂规范；管路、设备无积尘；各转载点有喷雾降尘装置； 2. **巷道及硐室底板平整，无浮碴及杂物，无淤泥，无积水**	查现场。不符合要求 1 处扣 0.5 分
附加项	
技术进步	
建成智能化掘进工作面并正常运行	查现场。符合要求**加 2 分**
4.1.5 机电	
一、工作要求	
1. 基础管理。**制定并严格执行机电管理制度，规范技术管理，设备台账、技术图纸等资料齐全，机电设备设施安全可靠。**	
2. 设备与指标。煤矿**矿用**产品安全标志、防爆合格证等证标齐全；设备综合完好率、矿灯完好率、事故率等**符合规定**。	
3. 煤矿机械。机械设备完好，保护齐全可靠，系统能力满足矿井安全生产需要。	

续表

8.5　机电
3. 煤矿电气 (1) 供电设计、供用电设备选型合理； (2) 矿井主要通风机、提升人员的绞车、抽采瓦斯泵等主要设备，以及井下变（配）电所、主排水泵房和下山开采的采区排水泵房的供电符合《煤矿安全规程》要求； (3) 防爆电气设备无失爆； (4) 电气设备完好，各种保护设置齐全、定值合理、动作可靠。
6. 文明生产 (1) 现场设备设置规范、标识齐全，设备整洁； (2) 管网设置规范，无跑、冒、滴、漏； (3) 机房、硐室以及设备周围卫生清洁； (4) 机房、硐室以及巷道照明符合要求； (5) 消防器材、绝缘用具齐全有效。
二、评分方法
1. 存在重大事故隐患的，本部分不得分。
2. 按表 8.5－1 评分，总分为 100 分。按照所检查存在的问题进行扣分，各小项分数扣完为止。
3. 项目内容中缺项时，按式（1）进行折算：
$$A=\frac{100}{100-B}\times C \qquad (1)$$ 式中　A——实得分数； B——缺项标准分数； C——检查得分数。

续表

4.1.5　机电
4. 煤矿电气。供电系统可靠，电气设备设计、选型合理，保护齐全有效。
5. 文明生产。设备设置规范、标识齐全，机房硐室及设备周围卫生清洁。
二、评分方法
1. 存在重大事故隐患的，本部分不得分。
2. 按表 **4.1.5** 评分，总分为 100 分。按照所检查存在的问题进行扣分，各小项分数扣完为止；**“评分表”中“项目内容”缺项不得分，采用式（1）计算专业得分：**
$$A=\frac{100}{100-B}\times C \tag{1}$$ 式中　A——机电部分实得分数； B——缺项标准分数； C——项目内容检查得分数。
3. 附加项评分 符合要求的得分，不符合要求的不得分也不扣分。附加项得分计入本专业总得分，最多加 1 分。

续表

8.5　机电	
基 本 要 求	评 分 方 法
四、基础管理	
管理制度	
1. 矿、专业管理部门建有以下制度（规程）：操作规程，停送电管理、设备定期检修、电气试验测试、干部上岗检查、设备管理、机电事故统计分析、防爆设备入井安装验收、电缆管理、小型电器管理、油脂管理、配件管理、阻燃胶带管理、杂散电流管理以及钢丝绳管理等制度	查资料。内容不全，缺 1 种制度（规程）扣 0.5 分，制度（规程）执行不到位 1 处扣 0.5 分
2. 机房、硐室有以下制度、图纸和记录： （1）有操作规程，岗位责任、设备包机、交接班、巡回检查、保护试验、设备检修以及要害场所管理等制度，变电所有停送电管理制度； （2）有设备技术特征、设备电气系统图、液压（制动）系统图、润滑系统图； （3）有设备运转、检修、保护试验、干部上岗、交接班、事故、外来人员、钢丝绳检查（或其他专项检查）等记录，变电所有停送电记录	查现场和资料。内容不全，缺 1 种扣 0.5 分，执行不到位 1 处扣 0.5 分
技术管理	
1. 机电设备选型论证、购置、安装、使用、维护、检修、更新改造、报废等综合管理及程序符合相关规定，档案资料齐全	查现场和资料。不符合要求 1 处扣 0.5 分
2. 设备技术信息档案齐全，管理人员明确；主变压器、主要通风机、提升机、压风机、主排水泵、锅炉等大型主要设备做到一台一档	查资料。无电子档案或无具体人员管理档案不得分，其他不符合要求 1 处扣 0.5 分

续表

4.1.5　机电	
基本要求	评分方法
一、基础管理	
管理制度	
建立机电管理制度（规程），**包括**停送电管理、设备定期检修、电气试验测试、干部上岗检查、**机电**设备管理、机电事故统计分析**追查**、**井下防爆电气设备管理**、电缆管理、小型电器管理、油脂管理、配件管理、阻燃胶带管理、杂散电流管理以及钢丝绳管理等制度	查资料。制度（规程）缺 1 种扣 0.5 分，**内容不符合管理实际或**执行不到位 1 处**扣 0.2 分**
机房硐室： 1. 有操作规程，岗位责任，**有**设备包机、**交接班**、巡回检查、保护试验、设备检修以及要害场所管理等制度，变电所有停送电管理制度； 2. 有设备技术特征**牌板**、设备电气图、液压系统图、润滑系统图； 3. 有设备运转、检修、保护试验、干部上岗、交接班、事故、**要害场所人员**、钢丝绳检查等记录，变电所有停送电记录	查现场和资料。缺 1 种**制度（规程）、图纸、记录**扣 0.5 分，**内容不符合管理实际或**执行不到位 1 处**扣 0.2 分**
技术管理	
大型机电设备选型论证、安装、**验收等**符合规定	查现场和资料。不符合要求 1 处扣 0.5 分
设备技术信息档案齐全；主变压器、主通风机、提升机、压风机、主排水泵等大型**固定**设备做到一台一档	查资料。**无档案不得分，无电子档案或内容不全、**不符合要求 1 处扣 0.5 分

续表

8.5　机电	
基 本 要 求	评 分 方 法
3. 矿井提升、排水、压风、供热、供水、通信、井上下供电等系统和井下电气设备布置等图纸齐全，内容、图例、标注规范，及时更新	查资料。缺 1 种图纸不得分，图纸与实际不相符 1 处扣 0.5 分
4. 各岗位操作规程、措施及保护试验要求等与实际运行的设备相符	查现场和资料。不符合要求 1 处扣 0.5 分
5. 持续有效地开展全矿机电专业技术指导监督、专项检查与机电事故统计分析等全矿机电业务保安工作	查资料。未开展工作不得分，工作开展效果不好 1 次扣 1 分
设备技术性能测试	
2. 主提升设备、主排水泵、主要通风机、压风机及锅炉等按《煤矿安全规程》检测；检测周期符合《煤矿在用安全设备检测检验目录（第一批）》或其他规定要求	查资料。不符合要求 1 处扣 0.5 分
3. 主绞车的主轴、制动杆件、天轮轴、连接装置以及主要通风机的主轴、叶片等主要设备的关键零部件探伤符合规定	查资料。不符合要求 1 处扣 0.5 分
4. 按规定进行防坠器试验、电气试验、防雷设施及接地电阻等测试	查资料。1 处不符合要求不得分
一、设备与指标	
设备证标	
1. 机电设备有产品合格证； 2. 纳入安标管理的产品有煤矿矿用产品安全标志； 3. 防爆设备有防爆合格证	查现场和资料。1 台不符合要求不得分

续表

4.1.5 机电	
基本要求	评分方法
矿井提升、排水、压风、供水、通信、供电系统和井下电气设备布置**图、供电线路平面敷设示意图、井上下配电系统图**等图纸齐全，内容、图例、标注规范，及时更新	查资料。缺1种图纸**扣1分**，图纸与实际不相符1处扣0.5分
岗位操作规程、**安全技术**措施（**方案**）及保护试验要求等与实际运行的设备相符	查现场和资料。不符合要求1处扣0.5分
矿井机电业务保安管理体系完善：有专业培训、专项检查计**划并实施；开展**机电事故统计分析**追查**等工作	查资料。未开展工作不得分，**缺1项扣1分**
设备技术性能测试	
主要提升**系统**、主排水**系统**、主要通风机**系统、空气压缩机**等按**要求**检测**检验**；检测周期符合《**煤矿在用产品安全检测检验规范规范**》等规定要求	查资料。不符合要求1处扣0.5分
主要**提升**绞车的主轴、天轮轴、连接装置以及主要通风机的主轴、叶片等主要设备的关键零部件探伤符合规定	查资料。不符合要求1处扣0.5分
按规定进行防坠器试验、电气试验、防雷设施及接地电阻等测试**和试验**	查现场和资料。**不符合要求1处扣0.5分**
二、设备与指标	
设备证标	
1. 纳入安标管理的产品有煤矿矿用产品安全标志； 2. 防爆设备有防爆合格证； **3. 有防爆电气设备和小型电器入井防爆检查记录**	查现场。**无"MA"标志和防爆合格证不得分，台账与现场设备铭牌不符1处扣0.5分；无入井检查记录或记录不全1项扣1分，其他不符合要求1处扣0.2分**

续表

8.5 机电	
基本要求	评分方法
设备完好	
机电设备综合完好率不低于90%	查现场和资料。每降低1个百分点扣0.5分
固定设备	
大型在用固定设备完好	查现场和资料。1台不完好不得分
小型电器	
小型电器设备合格率不低于95%	查现场和资料。每降低1个百分点扣0.5分
矿灯	
在用矿灯完好率100%，使用合格的双光源矿灯。完好矿灯总数应多出常用矿灯人数的10%以上	查现场和资料。井下发现1盏灭灯、不合格灯不得分，完好矿灯总数未满足要求不得分
机电事故率	
机电事故率不高于1%	查资料。机电事故率达不到要求不得分
三、煤矿机械	
主要提升（立斜井绞车）系统	
1. 提升系统能力满足矿井安全生产需要； 2. 各种安全保护装置符合《煤矿安全规程》规定； 3. 立井提升装置的过卷过放、提升容器和载荷等符合《煤矿安全规程》规定； 4. 提升装置、连接装置及提升钢丝绳符合《煤矿安全规程》规定； 5. 制动装置可靠，副井及负力提升的系统使用可靠的电气制动； 6. 立井井口及各水平阻车器、安全门、摇台等与提升信号闭锁；	查现场和资料。第1～9项提升人员绞车1处不符合要求“煤矿机械”大项不得分，其他绞车不符合要求1处扣1分，第10、11项不符合要求1处扣0.5分，其他项不符合要求1处扣0.1分

续表

4.1.5 机电	
基 本 要 求	评 分 方 法
设备完好	
机电设备综合完好率不低于 90%	查现场和资料。**未对机电设备完好率实施考核管理，不得分。完好率**每降低 1 个百分点扣 0.5 分
固定设备	
大型在用固定设备完好	查现场。1 台不完好不得分
小型电器	
小型电器设备**完好**	查现场。**1 台不完好扣 0.3 分，3 台以上不完好扣 1 分**
矿灯	
使用双光源矿灯，在用矿灯完好率 100% 。**矿井**完好**的**矿灯总数**至少**应**当比**常用矿灯总人数多 10%	查现场和资料。**1 项不符合要求或**井下发现 1 盏不合格矿灯不得分
机电事故率	
机电事故率不高于 1%	查资料。机电事故率达不到要求**或统计计算不真实**不得分
三、煤矿机械	
主要提升（立斜井绞车）系统	
1. 系统能力满足生产需要； 2. 安全保护装置符合规定，按规定试验； 3. 立井提升装置的过卷过放、提升容器和载荷等符合规定； 4. 提升装置、连接装置及提升钢丝绳符合规定； 5. 立井井口及各水平阻车器、安全门、摇台等与提升信号闭锁；操车系统电缆、管路、难燃液符合《煤矿安全规程》规定； 6. 提升速度 **>** 3 m/s 的立井提升系统安设有防撞梁和托罐装置； 7. 通信、信号装置完善； 8. 上、下井口及各水平安设有摄像头，机房有视频监视，主副井绞车房与矿调度室有直通电话；	查现场和资料。第 1 ~ **6** 项提升人员绞车 1 处不符合要求不得分，其他绞车不符合要求 1 处扣 1 分，第 **7**、**8**、**9** 项不符合要求 1 处扣 0.5 分，其他项不符合要求 1 处扣 0.1 分

续表

8.5 机电	
基 本 要 求	评 分 方 法
7. 提升速度大于 3 m/s 的立井提升系统内，安设有防撞梁和缓冲托罐装置；单绳缠绕式双滚筒绞车安设有地锁和离合器闭锁； 8. 斜井提升制动减速度达不到要求时应设二级制动装置； 9. 提升系统通信、信号装置完善，主副井绞车房与矿调度室有直通电话； 10. 上、下井口及各水平安设有摄像头，机房有视频监视器； 11. 地面机房安设有应急照明装置； 12. 使用低耗、先进、可靠的电控装置，有电动机及主要轴承温度和振动监测； 13. 主井提升宜采用集中远程监控，可不配司机值守，但应设图像监视，并定时巡检	
主要提升（带式输送机）系统	
1. 钢丝绳牵引带式输送机： （1）提升运输能力满足矿井、采区安全生产需要，人货不混乘，不超速运人； （2）各种保护装置符合《煤矿安全规程》规定； （3）在输送机全长任何地点装设便于搭乘人员或其他人员操作的紧急停车装置； （4）上、下人地点设声光信号、语音提示和自动停车装置，卸煤口及终点下人处设有防止人员坠入及进入机尾的安全设施和保护； （5）上、下人和装、卸载处装设有摄像头，机房有视频监视器； （6）输送带、滚筒、托辊等材质符合规定，滚筒、托辊转动灵活，带面无损坏、漏钢丝等现象； （7）机房安设有与矿调度室直通电话； （8）使用低耗、先进、可靠的电控装置，有电动机及主要轴承温度和振动监测； （9）宜采用集中远程监控，实现无人值守	查现场和资料。第（1）~（5）项提升人员带式输送机 1 处不符合要求扣 4 分，其他带式输送机 1 处不符合要求扣 1 分，第（6）、（7）项 1 处不符合要求扣 0.5 分，其他项不符合要求 1 项扣 0.1 分

续表

4.1.5 机电	
基 本 要 求	评 分 方 法
9. 机房安设有应急照明装置； 10. 有电动机及主要轴承温度和振动监测，**具备故障诊断功能；** **11. 主井提升采用集中远程监控，实现无人值守；** **12. 机械提升的进风立井或倾斜井巷中敷设电力电缆时，应当有可靠的保护措施，并经煤矿总工程师批准**	
主要提升（带式输送机）系统	
1. 钢丝绳牵引带式输送机： （1）能力满足矿井、采区安全生产需要，不混乘，不超速运人； （2）保护装置及钢丝绳检查使用符合《煤矿安全规程》规定，**按规定试验；** （3）**全线**装设便于搭乘人员或其他人员操作的紧急停车装置； （4）上、下人地点设声光信号、语音提示和自动停车装置，卸煤口及终点下人处设有防止人员坠入及进入机尾的安全设施和保护； （5）**采用非金属聚合物制造的胶带、绳衬、托辊的阻燃性能和抗静电性能**符合**有关标准**的规定；**各种绳轮**、滚筒和托辊转动灵活； （6）上、下人和装、卸载处装设有摄像头，机房有视频监控； （7）机房有与矿调度室直通电话； （8）电机及主要轴承有温度振动监测，**具备故障诊断功能；** （9）采用集中远程监控，实现无人值守	查现场和资料。第（1）~（5）项提升人员带式输送机 1 处不符合要求**不得分**，其他带式输送机不符合要求 1 处扣 1 分，第（6）、（7）项不符合要求 1 处扣 0.5 分，其他项不符合要求 1 项扣 0.1 分

续表

8.5 机电	
基 本 要 求	评 分 方 法
2. 滚筒驱动带式输送机： (1) 提升运输能力满足矿井、采区安全生产需要； (2) 电动机保护齐全可靠； (3) 装设有防滑、防跑偏、防堆煤、防撕裂和输送带张紧力下降保护装置，以及温度、烟雾监测和自动洒水装置； (4) 上运运输机装设防逆转和制动装置，下运运输机装设有软制动装置且装设防超速装置； (5) 减速器与电动机采用软连接或软启动控制，不应使用离心式联轴器，液力偶合器不使用可燃性传动介质（调速型液力偶合器不受此限）； (6) 输送带、滚筒、托辊等材质符合规定，采用非金属聚合物制造的输送带、托辊和滚筒包胶材料的阻燃性能和抗静电性能符合有关标准的规定；滚筒、托辊转动灵活，带面无损坏、漏钢丝等现象； (7) 倾斜井巷使用的钢丝绳芯输送机有钢丝绳芯及接头状态检测装备； (8) 钢丝绳芯输送机设有沿线紧急停车、闭锁装置，装、卸载处设有摄像头； (9) 机头、机尾及搭接处设有照明，转动部位设有防护栏和警示牌，行人跨越处设有过桥； (10) 在大于16°的倾斜井巷中应当设置防护网，并采取防止物料下滑、滚落等安全措施； (11) 连续运输系统安设有连锁、闭锁控制装置，沿线安设有通信和信号装置； (12) 集中控制硐室安设有与矿调度室直通电话； (13) 使用低耗、先进、可靠的电控装置，有电动机及主要轴承温度和振动监测； (14) 宜采用集中远程监控，实现无人值守	查现场和资料。第（1）~（8）项不符合要求1处扣1分，第（9）~（12）项不符合要求1处扣0.5分，其他项不符合要求1项扣0.1分

续表

4.1.5　机电	
基 本 要 求	评 分 方 法
2. 滚筒驱动带式输送机： （1）能力满足矿井、采区生产需要； （2）电动机保护齐全可靠； （3）设有防滑、防跑偏、防堆煤、防撕裂保护装置，以及温度、烟雾监测和自动洒水装置；**主要运输巷道中带式输送机设有输送带张紧力下降保护装置；主斜井必须装设自动报警灭火装置、敷设消防管路；** （4）采用非金属聚合物制造的输送带、托辊和滚筒包胶材料的阻燃性能和抗静电性能符合有关标准的规定；滚筒、托辊转动灵活； （5）**倾斜井巷中使用的带式输送机，**上运时，应当装设防逆转装置和制动装置；下运时，应当装设软制动装置且**必须**装设防超速**保护**装置； （6）减速器与电动机采用软连接或软启动控制，液力偶合器**严禁**使用可燃性传动介质； （7）连续运输系统安设有连锁、闭锁控制装置，沿线安设有通信和信号装置，**设有沿线紧急停车闭锁装置；** （8）大于16°的倾斜井巷中设置防护网，并采取防止物料下滑、滚落等安全措施； （9）机头、机尾、搭接**及卸载点**处设有**视频监视和**照明，转动部位有防护栏和警示牌，行人跨越处设有过桥； （10）集中控制**机房**（硐室）安设有与矿调度室直通电话； （11）倾斜井巷使用的钢丝绳芯输送机有钢丝绳芯及接头状态检测装置； （12）有电动机及主要轴承温度和振动监测，**具备故障诊断功能；** （13）宜采用集中远程监控，实现无人值守	查现场和资料。**输送带入井前未经过第三方阻燃和抗静电性能试验，或者试验不合格入井，或者输送带防打滑、跑偏、堆煤等保护装置或者温度、烟雾监测装置未安装或失效的不得分；**第（1）~**（7）**项不符合要求1处扣1分，第**（8）**~**（11）**项不符合要求1处扣0.5分，其他项不符合要求1项扣0.1分

续表

8.5 机电	
基 本 要 求	评 分 方 法
主通风机系统	
1. 主要通风机性能满足矿井通风安全需要； 2. 电动机保护齐全、可靠； 3. 使用在线监测装置，并且具备通风机轴承、电动机轴承、电动机定子绕组温度检测和超温报警功能，具备振动监测及报警功能； 4. 每月倒机、检查1次； 5. 安设有与矿调度室直通电话； 6. 机房设有水柱计、电流表、电压表仪表，并定期校准； 7. 机房安设应急照明装置； 8. 使用低耗、先进、可靠的电控装置	查现场和资料。第1～6项不符合要求1处扣1分，第7项不符合要求扣0.5分，其他项不符合要求1项扣0.1分
压风系统	
1. 供风能力满足矿井安全生产需要； 2. 压缩机、储气罐及管路设置符合《煤矿安全规程》和《特种设备安全法》等规定； 3. 电动机保护齐全、可靠； 4. 压力表、安全阀、释压阀设置齐全有效，定期校准； 5. 油质符合规定，有可靠的断油保护； 6. 水冷压缩机水质符合要求，有可靠的断水保护； 7. 风冷压缩机冷却系统及环境符合规定； 8. 温度保护齐全、可靠，定值准确； 9. 井下压缩机运转时有人监护； 10. 机房安设有应急照明装置； 11. 使用低耗、先进、可靠的电控装置，有电动机及主要轴承温度和振动监测； 12. 地面压缩机宜采用集中远程监控，实现无人值守	查现场和资料。第1～9项不符合要求1处扣1分，第10项不符合要求1处扣0.5分，其他项不符合要求1项扣0.1分

续表

4.1.5 机电	
基 本 要 求	评 分 方 法
主要通风机系统	
1. 性能满足矿井通风安全需要； 2. 电动机保护齐全、可靠； 3. 使用在线监测装置，且具备通风机轴承、电动机轴承、电动机定子绕组温度检测和超温报警功能，具备振动监测及报警功能； 4. 每月倒机、**全面**检查**检修** 1 次；**防爆门每 6 个月检查维修 1 次；** 5. 有与矿调度室直通电话； 6. 设有水柱计、电流表、电压表等仪表，并定期校准； 7. 机房安设应急照明装置； **8. 有故障诊断功能；** **9. 有主通风机停机应急预案**	查现场和资料。第 1 ~ **4** 项不符合要求 1 处扣 1 分，第 **5** ~ 7 项不符合要求 1 处扣 0.5 分，其他项不符合要求 1 项扣 0.1 分
压风系统	
1. 能力满足矿井安全生产需要； 2. 电动机保护齐全、可靠； 3. 压力表、安全阀定期检查校准；**释压阀定期检查；** 4. 油质合格，断油保护可靠； 5. 水冷压缩机水质合格，断水保护可靠； 6. 风冷压缩机冷却系统及环境符合规定； 7. 温度保护可靠，定值准确； 8. 井下压缩机运转时有人监护； 9. 机房安设有应急照明装置； 10. 有电动机及主要轴承温度和振动监测，**具备故障诊断功能；** 11. 地面压缩机宜采用集中远程监控，实现无人值守	查现场和资料。第 1 ~ **8** 项不符合要求 1 处扣 1 分，第 **9** 项不符合要求 1 处扣 0.5 分，其他项不符合要求 1 项扣 0.1 分

续表

8.5　机电	
基 本 要 求	评 分 方 法
排水系统	
1. 矿井及采区主排水系统： (1) 排水能力满足矿井、采区安全生产需要； (2) 泵房及出口，水泵、管路及配电、控制设备，水仓蓄水能力符合《煤矿安全规程》规定； (3) 有可靠的引水装置； (4) 设有水位观测及高、低水位声光报警装置； (5) 电动机保护装置齐全、可靠； (6) 排水设施、水泵联合排水试验、水仓清理等符合《煤矿安全规程》规定； (7) 水泵房安设有与矿调度室直通电话； (8) 各种仪表齐全，及时校准； (9) 使用低耗、先进、可靠的电控装置，有电动机及主要轴承温度和振动监测； (10) 宜采用集中远程监控，实现无人值守 2. 其他排水地点： (1) 排水设备及管路符合规定要求； (2) 设备完好，保护齐全、可靠； (3) 排水能力满足安全生产需要； (4) 使用小型自动排水装置	查现场和资料。第 1 项中的第 (1)～(8) 项不符合要求 1 处扣 1 分，其他项不符合要求 1 项扣 0.1 分；第 2 项中的第 (1)～(3) 项不符合要求 1 处扣 0.5 分，第 (4) 项不符合要求扣 0.1 分
瓦斯抽采及发电系统	
1. 抽采泵出气侧管路系统装设防回火、防回气、防爆炸的安全装置； 2. 根据输送方式的不同，设置甲烷、流量、压力、温度、一氧化碳等各种监测传感器； 3. 超温、断水等保护齐全、可靠； 4. 压力表、水位计、温度表等仪器仪表齐全、有效； 5. 机房安设有应急照明； 6. 电气设备防爆性能符合要求，保护齐全、可靠； 7. 阀门装置灵活； 8. 机房有防烟火、防静电、防雷电措施	查现场。不符合要求 1 处扣 0.5 分

续表

4.1.5 机电	
基 本 要 求	评 分 方 法
排水系统	
1. 矿井及下山采区主排水系统： (1) 能力满足矿井、采区安全生产需要； (2) 泵房及出口，水泵、管路、配电、控制设备，水仓蓄水能力符合《煤矿安全规程》规定； (3) 有可靠的引水装置； (4) 电动机保护装置齐全、可靠；有水位观测及高、低水位声光报警装置； (5) 排水设施、水泵联合排水试验、水仓清理等符合《煤矿安全规程》规定； (6) 有与矿调度室直通电话； (7) 各种仪表齐全，及时校准； (8) 有电动机及主要轴承温度和振动监测，**具备故障诊断功能；** (9) 宜采用集中远程监控，实现无人值守； 2. 其他排水地点： (1) 设备及管路符合规定要求； (2) 设备完好，保护齐全、可靠； (3) 能力满足安全生产需要； (4) 使用小型自动排水装置	查现场和资料。第 1 项中 **(1) 项不满足不得分**，第 **(2)~(5)** 项不符合要求 1 处扣 1 分，第 **(6)(7)** 项不符合要求 1 处扣 0.5 分，其他项不符合要求 1 项扣 0.1 分；第 2 项中的第 (1)~(3) 项不符合要求 1 处扣 0.5 分，第 (4) 项不符合要求扣 0.1 分
抽采瓦斯系统	
1. 防回火、防回气、防爆炸**以及泄爆、抑爆装置符合规定；** 2. 设置甲烷、流量、压力、温度、一氧化碳等监测传感器； 3. 超温断水等保护齐全、可靠； 4. 压力表、水位计、温度表等仪器仪表齐全、有效；阀门灵活； 5. 机房有应急照明； 6. **瓦斯泵站内**电气设备防爆性能符合要求，保护齐全、可靠； 7. 有防烟火、防静电、防雷电措施	查现场。不符合要求 1 处扣 0.5 分

续表

8.5　机电	
基 本 要 求	评 分 方 法
三、煤矿电气	
地面供电系统	
1. 有矿井供电设计及供电系统图，供电能力满足矿井安全生产需要； 2. 矿井供电主变压器运行方式符合规定； 3. 主要通风机、提升人员的绞车、抽采瓦斯泵、压风机以及地面安全监控中心等主要设备供电符合《煤矿安全规程》规定； 4. 各种保护设置齐全、定值合理、动作灵敏可靠，高压配出侧装设有选择性的接地保护； 5. 变电所有可靠的操作电源； 6. 直供电机开关或带有电容器的开关有欠压保护； 7. 高压开关柜具有防止误分合断路器、防止带负荷分合隔离开关、防止带电挂（合）接地线（接地开关）、防止带接地线（接地开关）合断路器（隔离开关）、防止误入带电间隔和通信功能； 8. 反送电开关柜加锁且有明显标志； 9. 矿井 6000 V 及以上电网单相接地电容电流符合《煤矿安全规程》规定； 10. 电气工作票、操作票符合《电力安全工作规程》的要求； 11. 防雷设施齐全、可靠； 12. 供电电压、功率因数、谐波参数符合规定； 13. 矿井主要变电所实现综合自动化保护和控制，实现无人值守； 14. 变电所有应急照明装置； 15. 矿井变电所安设有与电力调度及矿调度室直通电话，并有录音功能	查现场和资料。第 1 项 1 处不符合要求不得分，第 2、3 项不符合要求 1 项扣 3 分，第 4 ~ 10 项不符合要求 1 处扣 1 分，第 11 ~ 15 项不符合要求 1 处扣 0.5 分

续表

4.1.5 机电	
基 本 要 求	评 分 方 法
四、煤矿电气	
地面供电系统	
1. 有矿井供电设计及供电系统图，能力满足安全生产需要； 2. **矿井实现双回路供电，**主变压器运行方式符合规定； 3. 主要设备供电符合《煤矿安全规程》规定； 4. 各种保护设置齐全、**短路电流计算和继电保护**定值合理、动作灵敏可靠，高压馈出侧装设有选择性的接地保护； 5. 变电所有可靠的操作电源； 6. **高压开关“五防”功能有效；** 7. 反送电开关柜加锁并有明显标志； 8. 6 kV 及以上电网单相接地电容电流符合规定； 9. 电气工作票、操作票符合《电力安全工作规程》的要求； 10. 防雷设施齐全、可靠； 11. 电压、谐波参数符合规定； 12. 主要变电所实现综合自动化保护和控制，实现无人值守； 13. 变电所有应急照明装置； 14. 矿井变电所有与矿调度室直通电话，有录音功能；**电力调度电话号码张贴在电话机旁**	查现场和资料。第 1、**2** 项 1 处不符合要求不得分，第 3 项不符合要求扣 3 分，第 4 ~ **9** 项不符合要求 1 处扣 1 分，第 10 ~ **14** 项不符合要求 1 处扣 0.5 分

续表

8.5 机电	
基 本 要 求	评 分 方 法
井下供电系统	
1. 井下供配电网络： (1) 各水平中央变电所、采区变电所、主排水泵房和下山开采的采区泵房供电线路符合《煤矿安全规程》规定，运行方式合理； (2) 各级变电所运行管理符合规定； (3) 矿井、采区及采掘工作面等供电地点均有合格的供电系统设计，符合现场实际； (4) 按规定进行继电保护核算、检查和整定； (5) 井下变电所高压馈电线上安装有选择性接地保护装置； (6) 配电网路开关分断能力、可靠动作系数和动、热稳定性以及电缆的热稳定性符合规定； (7) 实行停送电审批和工作票制度； (8) 井下变电所、配电点悬挂与实际相符的供电系统图； (9) 调度室、变电所有停送电记录； (10) 变电所设有与矿调度室直通电话； (11) 变电所设置符合《煤矿安全规程》规定； (12) 采区变电所应有专人值班或关门加锁并定期巡检； (13) 宜采用集中远程监控，实现无人值守	查现场和资料。第 (1) 项 1 处不符合要求不得分，第 (2) ~ (12) 项不符合要求 1 处扣 0.5 分，其他项不符合要求 1 处扣 0.1 分
2. 防爆电气设备及小型电器无失爆	查现场和资料。高瓦斯、突出矿井中，以及低瓦斯矿井主要进风巷以外区域出现 1 处失爆"煤矿电气"大项不得分，其他区域发现 1 处失爆扣 4 分

续表

4.1.5 机电	
基本要求	评分方法
井下供电系统	
1. 井下供配电网络： （1）各水平中央变电所、采区变电所、主排水泵房和下山开采的采区泵房供电线路符合规定，运行方式合理； （2）矿井、采区及采掘工作面等供电地点供电设计符合现场实际； （3）按规定进行继电保护核算、检查、整定和试验； （4）实行停送电审批和工作票制度； （5）井下变电所、配电点供电系统图与实际相符； （6）调度室、变电所有停送电记录； （7）变电所设有与矿调度室直通电话； （8）变电所设置符合规定； （9）采区变电所应有专人值班或关门加锁并定期巡检； （10）采用集中远程监控，实现无人值守	查现场和资料。第（1）项 1 处不符合要求不得分，第（2）~（9）项不符合要求 1 处扣 0.5 分，其他项不符合要求 1 处扣 0.1 分
2. 电缆、防爆电气设备及小型电器无失爆	查现场。发现 1 处失爆不得分

续表

8.5 机电	
基 本 要 求	评 分 方 法
3. 采掘工作面供电： （1）配电点设置符合《煤矿安全规程》规定； （2）掘进工作面“三专两闭锁”设置齐全、灵敏可靠； （3）采煤工作面甲烷电闭锁设置齐全、灵敏可靠； （4）按要求试验，有试验记录	查现场和资料。第（1）~（3）项1处不符合要求不得分；第（4）项不符合要求1处扣0.5分
4. 高压供电装备： （1）高压控制设备装有短路、过负荷、接地和欠压释放保护； （2）向移动变电站和高压电动机供电的馈电线上装有有选择性的动作于跳闸的单相接地保护； （3）真空高压隔爆开关装设有过电压保护； （4）推广设有通信功能的装备	查现场或资料。第（1）~（3）项1处不符合要求扣0.5分；第（4）项不符合要求1处扣0.1分
5. 低压供电装备： （1）采区变电所、移动变电站或者配电点引出的馈电线上有短路、过负荷和漏电保护； （2）有检漏或选择性的漏电保护； （3）按要求试验，有试验记录； （4）推广设有通信功能的装备	查现场和资料。第（1）~（3）项1处不符合要求扣0.5分；第（4）项不符合要求1处扣0.1分
6. 变压器及电动机控制设备： （1）40 kW 及以上电动机使用真空电磁启动器控制； （2）干式变压器、移动变电站过负荷、短路等保护齐全可靠； （3）低压电动机控制设备有短路、过负荷、单相断线、漏电闭锁保护及远程控制功能	查现场和资料。甩保护、铜铁保险、开关前盘带电1处扣1分，其他不符合要求1处扣0.5分
7. 保护接地符合《煤矿安全规程》和《煤矿井下保护接地装置的安装、检查、测定工作细则》的要求	查现场或资料。不符合要求1处扣0.5分

续表

4.1.5　机电	
基 本 要 求	评 分 方 法
3. 采掘工作面供电： （1）配电点设置符合规定； （2）掘进工作面“三专两闭锁”设置齐全、灵敏可靠； （3）采煤工作面甲烷电闭锁设置齐全、灵敏可靠； （4）按要求试验，有试验记录	查现场和资料。第（1）~（3）项1处不符合要求不得分；第（4）项不符合要求1处扣0.5分
4. 高压供电装备： （1）高压控制设备装有短路、过负荷、接地和欠压释放保护； （2）向移动变电站和高压电动机供电的馈电线上装选择性的动作于跳闸单相接地保护； （3）真空高压隔爆开关装设有过电压保护	查现场或资料。不符合要求1处扣0.5分
5. 低压和**3300 V**供电装备： （1）采区变电所、移动变电站或者配电点引出的馈电线上有短路、过负荷和漏电保护； （2）有检漏或选择性的漏电保护； （3）按要求试验，有试验记录	查现场和资料。第（1）~（**2**）项1处不符合要求扣0.5分；第（**3**）项不符合要求1处扣0.1分
6. 变压器及电动机控制设备： （1）干式变压器、移动变电站过负荷、短路等保护齐全可靠； （2）低压和**3300 V**电动机控制设备有短路、过负荷、单相断线、漏电闭锁保护及远程控制功能	查现场和资料。甩保护、铜铁保险、开关前盘带电1处扣1分，其他不符合要求1处扣0.5分
7. 保护接地符合规定	查现场或资料。不符合要求1处扣0.5分

续表

8.5　机电	
基 本 要 求	评 分 方 法
8. 信号照明系统： 井下照明和信号的配电装置综合保护功能齐全、可靠	查现场或资料。不符合要求 1 处扣 0.5 分
9. 电缆及接线工艺： （1）动力电缆和各种照明、信号、监控监测电缆使用煤矿矿用电缆； （2）电缆接头及接线方式和工艺符合要求，无“羊尾巴”“鸡爪子”、明接头； （3）各种电缆按规定敷设（吊挂），合格率不低于 95%； （4）各种电气设备接线工艺符合要求	查现场和资料。高瓦斯、突出矿井井下全范围以及低瓦斯矿井采区石门以里出现 1 处动力电缆不符合要求“煤矿电气”大项不得分，其他区域发现 1 处不符合要求扣 3 分；36 V 以上信号电缆不符合要求 1 处扣 0.5 分；本安电缆及电气设备接线工艺不符合要求 1 处扣 0.2 分；电缆合格率每降低 1 个百分点扣 0.5 分
六、文明生产	
设备设置	
1. 井下移动电气设备上架，小型电器设置规范、可靠； 2. 标志牌内容齐全； 3. 防爆电气设备和小型防爆电器有防爆入井检查合格证； 4. 各种设备表面清洁，无锈蚀	查现场。不符合要求 1 处扣 0.2 分
管网	
1. 各种管路应每 100 m 设置标识，标明管路规格、用途、长度、载体、流向、管路编号等； 2. 管路敷设（吊挂）符合要求，稳固； 3. 无锈蚀，无跑、冒、滴、漏	查现场。不符合要求 1 处扣 0.5 分
机房卫生	
1. 机房硐室、机道和电缆沟内外卫生清洁； 2. 无积水，无油垢，无杂物； 3. 电缆、管路排列整齐	查现场。卫生不好或电缆排列不整齐 1 处扣 0.2 分，其他不符合要求 1 处扣 0.5 分
器材工具	
消防器材、电工操作绝缘用具齐全合格	查现场。消防器材、绝缘用具欠缺、失效或无合格证 1 处扣 0.5 分

续表

4.1.5 机电	
基 本 要 求	评 分 方 法
8. 信号照明系统：井下照明和信号的配电装置综合保护功能齐全、可靠	查现场或资料。不符合要求 1 处扣 0.5 分
9. 电缆： （1）井下动力、照明、信号以及**控制、通信**电缆使用煤矿用电缆； **（2）电缆连接及引入符合规定；** （3）电缆敷设（吊挂）**符合规定**	查现场和资料。**第 1 项，1 处不符合要求不得分；第 2 项，动力电缆不符合要求 1 处扣 1 分；**36 V 以上信号电缆不符合要求 1 处扣 0.5 分，本安电缆及电气设备接线工艺不符合要求 1 处扣 0.2 分；电缆敷设（吊挂）不符合要求 1 处扣 0.2 分
五、文明生产	
设备设施	
1. 井下移动电气设备上架，小型电器设置规范、可靠； 2. 标志牌内容齐全； 3. 防爆电气设备和小型防爆电器有防爆入井检查合格证； 4. 各种设备**（设施）**表面清洁，无锈蚀	查现场。不符合要求 1 处扣 0.2 分
管网	
1. 各种管路应每 100 m 设置标识，标明管路规格、用途、长度、流向、管路编号等； 2. 管路敷设符合要求； 3. 无锈蚀，无跑、冒、滴、漏	查现场。不符合要求 1 处扣 0.5 分
机房卫生	
1. 机房硐室、机道和电缆沟内外卫生清洁； 2. 无积水，无油垢，无杂物； 3. 电缆、管路排列整齐	查现场。卫生不好或电缆排列不整齐 1 处扣 0.2 分，其他不符合要求 1 处扣 0.5 分
器材工具	
电工操作绝缘用具齐全合格	**查现场。不符合要求 1 处扣 0.5 分**
附加项	
设备管理	
建设设备管理系统，有效实施设备全生命周期管理	**查系统。有效应用加 1 分**

续表

8.6　运输
一、工作要求（风险管控）
5. 运输管理 (1) 管理制度完善，职责明确； (2) 设备设施定期检测检验； (3) 技术资料齐全，满足运输管理需要。
1. 运输巷道与硐室 (1) 满足运输设备安装、运行的空间要求； (2) 满足运输设备检修的空间要求； (3) 满足人员操作、行走的安全要求。
2. 运输线路 (1) 轨道线路轨型、轨道铺设质量符合标准要求； (2) 无轨胶轮车行驶路面质量符合标准要求； (3) 保证车辆安全、平稳运行； (4) 改善运输方式，优化运输系统。
3. 运输设备 (1) 设备完好，符合要求； (2) 制动装置、信号装置及保护装置齐全、灵敏、可靠； (3) 安装符合设计要求。
4. 运输安全设施 (1) 安全设施、连接装置齐全可靠，安装规范，使用正常； (2) 安全警示设施安装规范，使用正常； (3) 物料捆绑固定规范有效。
7. 文明生产 (1) 作业场所卫生整洁； (2) 设备材料码放整齐，图牌板内容齐全、清晰准确。

续表

4.1.6　运输
一、工作要求
1. 运输管理。管理制度完善，职责明确；设备设施定期检测检验；技术资料齐全，满足运输管理需要。
2. 运输巷道与硐室。满足设备安装、运行和检修的空间要求；满足人员操作、行走的安全要求。
3. 运输线路。轨型、轨道铺设质量符合标准要求；无轨胶轮车行驶路面质量符合标准要求；保证车辆安全、平稳运行；改善运输方式，优化运输系统。
4. 运输设备。设备完好，符合要求；制动装置、信号装置及保护装置齐全、灵敏、可靠；安装符合设计要求。
5. 运输安全设施。安全设施、连接装置、安全警示设施齐全可靠，安装规范，使用正常；物料捆绑固定规范有效。
6. 文明生产。作业场所卫生整洁；设备材料码放整齐，图牌板内容齐全、清晰准确。

续表

<table>
<tr><td colspan="2">8.6 运输</td></tr>
<tr><td colspan="2">二、评分方法</td></tr>
<tr><td colspan="2">1. 存在重大事故隐患的，本部分不得分。</td></tr>
<tr><td colspan="2">2. 按表8.6－1评分，总分为100分。按照所检查存在的问题进行扣分，各分值单元项分数扣完为止。</td></tr>
<tr><td colspan="2">项目内容中缺项时，按式（1）进行折算：
$$A=\frac{100}{100-B}\times C \quad (1)$$
式中 A——实得分数；
B——缺项标准分数；
C——检查得分数。</td></tr>
<tr><td>基 本 要 求</td><td>评 分 方 法</td></tr>
<tr><td colspan="2">五、运输管理</td></tr>
<tr><td colspan="2">制度保障</td></tr>
<tr><td>1. 完善各岗位各工种的操作规程，内容符合现场实际，并认真执行；
2. 制定以下规定：
（1）运输设备运行、检修、检测等管理规定；
（2）运输安全设施检查、试验等管理规定；
（3）轨道线路检查、维修等管理规定；
（4）辅助运输安全事故汇报管理规定</td><td>查现场和资料。缺1项制度扣0.5分；内容不符合要求1项扣0.2分；1项制度不执行扣1分</td></tr>
<tr><td colspan="2">技术资料</td></tr>
<tr><td>1. 有运输设备、设施、线路的图纸、技术档案，有检修记录；
2. 施工作业规程、技术措施符合有关规定；
3. 运输系统、设备选型和能力计算资料齐全；
4. 架空乘人装置有专项设计；
5. 人行车、架空乘人装置、机车、调度绞车、无极绳连续牵引车、卡轨车、绳牵引单轨吊车、单轨吊车、齿轨车、无轨胶轮车、矿车、专用车等运输设备编号管理</td><td>查资料。缺1种扣1分，每1处不符合要求扣0.5分；运输设备未编号管理1处扣0.1分</td></tr>
</table>

续表

<table>
<tr><td colspan="2">4.1.6　运输</td></tr>
<tr><td colspan="2">二、评分方法</td></tr>
<tr><td colspan="2">1. 存在重大事故隐患的，本部分不得分。</td></tr>
<tr><td colspan="2">2. 按表4.1.6－1评分，总分为100分。按照所检查存在的问题进行扣分，各小项分数扣完为止；“评分表”中“项目内容”缺项不得分，采用式（1）计算专业得分：</td></tr>
<tr><td colspan="2">$$A=\frac{100}{100-B}\times C \qquad (1)$$
式中　A——运输部分实得分数；
B——缺项标准分数；
C——项目内容检查得分数。</td></tr>
<tr><td>基　本　要　求</td><td>评　分　方　法</td></tr>
<tr><td colspan="2">一、运输管理</td></tr>
<tr><td colspan="2">制度保障</td></tr>
<tr><td>制定并落实以下制度、标准：
1. 运输设备（设施）安装、运行、检修、检测等管理制度；
2. 运输线路铺设、维护标准</td><td>查现场和资料。缺1项或不执行扣0.5分；内容不符合要求1项扣0.2分</td></tr>
<tr><td colspan="2">技术资料</td></tr>
<tr><td>1. 有运输设备、设施、线路的图纸、技术档案，有检修记录；
2. 有作业规程、安全技术措施；
3. 运输系统、设备选型和能力计算资料齐全；
4. 单轨吊、架空乘人装置有设计；
5. 有运输设备管理台账，编号管理；
6. 纳入煤矿矿用产品安全标志管理的设备设施符合规定</td><td>查资料。缺1项扣1分，每1处不符合要求扣0.5分；运输设备未编号管理1处扣0.1分</td></tr>
</table>

续表

<table>
<tr><th colspan="2">8.6　运输</th></tr>
<tr><th>基 本 要 求</th><th>评 分 方 法</th></tr>
<tr><td colspan="2">检测检验</td></tr>
<tr><td>1. 更新或大修及使用中的斜巷（井）人车，有完整的重载全速脱钩测试报告及连接装置的探伤报告
2. 按规定对架空乘人装置、窄轨车辆连接链、窄轨车辆连接插销、斜井人车进行检测检验，有完整的试验、检测检验报告；
3. 按规定对无轨胶轮车、单轨吊车进行试验、检测检验，有完整的试验、检测检验报告；
4. 新投用机车应测定制动距离，之后每年测定1次，有完整的制动距离测试报告；
5. 无极绳连续运输车、卡轨车、齿轨车、异型轨卡轨车、防跑车装置等根据产品使用说明书要求，由矿定期对相关安全性能进行试验，并有试验记录</td><td>查资料。不符合要求扣3分
查资料。不符合要求1处扣1分</td></tr>
<tr><td colspan="2">一、巷道硐室</td></tr>
<tr><td>1. 巷道支护完整，巷道（包括管、线、电缆）与运输设备最突出部分之间的最小间距符合《煤矿安全规程》规定；
2. 车场、巷道曲线半径、巷道连接方式、运输方式设计合理，符合《煤矿安全规程》及有关规定要求</td><td rowspan="3">查现场。巷道最小间距不符合规定1处扣2分；未设置信号硐室1处扣1分；其他不符合要求1处扣0.5分</td></tr>
<tr><td>斜巷信号硐室、躲避硐、绞车房、候车室、调度站、人车库、充电硐室、错车硐室、车辆检修硐室等符合《煤矿安全规程》及有关规定要求</td></tr>
<tr><td>车辆装载站、卸载站和转载站符合《煤矿安全规程》及有关规定要求</td></tr>
</table>

续表

<table>
<tr><th colspan="2">4.1.6　运输</th></tr>
<tr><th>基本要求</th><th>评分方法</th></tr>
<tr><td colspan="2">检测检验</td></tr>
<tr><td>1. 使用中的斜井人车，有完整的重载全速脱钩测试报告及连接装置的探伤报告；
2. 按规定对窄轨车辆连接链、连接插销进行检测，有检测检验报告；
3. 按规定对架空乘人装置、无轨胶轮车、单轨吊车进行试验、检测检验，有完整的试验、检测检验报告；
4. 新投用机车应测定制动距离，之后每年测定 1 次，有完整的制动距离测试报告；
5. 无极绳连续牵引车、卡轨车、齿轨车、异型轨卡轨车等根据产品使用说明书要求，由矿定期检查、检修、试验，并有试验记录</td><td>查资料。第 1 项不符合要求扣 3 分；其他项不符合要求 1 处扣 1 分</td></tr>
<tr><td colspan="2">二、巷道硐室</td></tr>
<tr><td>巷道车场：
1. 巷道净断面与支护符合《煤矿安全规程》，巷道（包括管、线、电缆）与运输设备最突出部分之间的最小间距符合规定；
2. 车场、巷道曲线半径、巷道连接方式、运输方式设计合理，符合《煤矿安全规程》及有关规定要求</td><td rowspan="3">查现场。巷道最小间距不符合规定 1 处扣 2 分；未设置信号硐室 1 处扣 1 分；其他不符合要求 1 处扣 0.5 分</td></tr>
<tr><td>硐室车房：
斜巷信号硐室、躲避硐、绞车房、候车室、调度站、人车库、充电硐室、错车硐室、车辆检修硐室等符合规定</td></tr>
<tr><td>装卸载站：
车辆装载站、卸载站和转载站符合规定</td></tr>
</table>

续表

8.6　运输	
基 本 要 求	评 分 方 法
二、运输线路	
轨道线路	
1. 运行 7 t 及以上机车、3 t 及以上矿车，或者运送 15 t 及以上载荷的矿井井筒、主要水平运输大巷、车场、主要运输石门、采区主要上下山、地面运输系统轨道线路使用不小于 30 kg/m 的钢轨；其他线路使用不小于 18 kg/m 的钢轨	查现场。1 处不符合要求扣 3 分
2. 主要运输线路（主要运输大巷和主要运输石门、井底车场、主要绞车道，地面运煤、运矸干线和集中运载站车场的轨道）及行驶人车的轨道线路质量达到以下要求： （1）接头平整度：轨面高低和内侧错差不大于 2 mm； （2）轨距：直线段和加宽后的曲线段允许偏差为 -2 ~ 5 mm； （3）水平：直线段及曲线段加高后两股钢轨偏差不大于 5 mm； （4）轨缝不大于 5 mm； （5）扣件齐全、牢固，与轨型相符； （6）轨枕规格及数量应符合标准要求，间距偏差不超过 50 mm； （7）道碴粒度及铺设厚度符合标准要求，轨枕下应捣实，轨枕露出高度不小于 50 mm； （8）曲线段设置轨距拉杆	查现场。抽查 1 ~ 2 条巷道，接头平整度、轨距、水平不符合要求 1 处扣 0.2 分，其他 1 处不合格扣 0.1 分
3. 其他轨道线路不得有杂拌道（异型轨道长度小于 50 m 为杂拌道），质量应达到以下要求： （1）接头平整度：轨面高低和内侧错差不大于 2 mm； （2）轨距：直线段和加宽后的曲线段允许偏差为 -2 ~ 6 mm； （3）水平：直线段及曲线段加高后两股钢轨偏差不大于 8 mm；	查现场。有杂拌道 1 处扣 1 分；抽查 1 ~ 3 条巷道，接头平整度、轨距、水平不符合要求 1 处扣 0.3 分，其他 1 处不合格扣 0.1 分，单项扣到 3 分为止

续表

4.1.6　运输	
基 本 要 求	评 分 方 法
三、运输线路	
轨道线路	
运行 7 t 及以上机车、3 t 及以上矿车，或者运送 15 t 及以上载荷的矿井井筒、主要水平运输大巷、车场、主要运输石门、采区主要上下山、地面运输系统轨道线路使用≥30 kg/m 的钢轨；其他线路使用≥18 kg/m 的钢轨。**卡轨车、齿轨车和胶套轮车运行的轨道线路，应当采用不小于 22 kg/m 的钢轨**	查现场。不符合要求 1 处扣 3 分
主要运输线路及行驶人车的轨道线路质量达到要求： （1）接头平整度：轨面高低和内侧错差≤2 mm； （2）轨距：直线段和加宽后的曲线段允许偏差为 -2 ~5 mm； （3）水平：直线段及曲线段加高后两股钢轨偏差≤5 mm； （4）轨缝≤5 mm； （5）扣件齐全、牢固，与轨型相符； （6）轨枕规格及数量应符合标准要求，间距偏差不超过 50 mm； （7）道碴粒度及铺设厚度符合标准要求，轨枕下应捣实，轨枕露出高度≥50 mm； （8）曲线段设置轨距拉杆	查现场。抽查 1 ~2 条巷道，接头平整度、轨距、水平不符合要求 1 处扣 **0.3 分**，其他不合格 1 处扣 0.1 分
其他轨道线路质量应达到要求： （1）接头平整度：轨面高低和内侧错差≤2 mm； （2）轨距：直线段和加宽后的曲线段允许偏差为 -2 ~6 mm； （3）水平：直线段及曲线段加高后两股钢轨偏差≤8 mm； （4）轨缝≤5 mm； （5）扣件齐全、牢固，与轨型相符； （6）轨枕规格及数量符合标准要求，间距偏差不超过 50 mm；	查现场。抽查 1 ~3 条巷道，接头平整度、轨距、水平不符合要求 1 处扣 0.3 分，其他不合格 1 处扣 0.1 分，单项扣到 3 分为止

续表

8.6　运输	
基本要求	评分方法
（4）轨缝不大于 5 mm； （5）扣件齐全、牢固，与轨型相符； （6）轨枕规格及数量符合标准要求，间距偏差不超过 50 mm； （7）道碴粒度及铺设厚度符合标准要求，轨枕下应捣实	
4. 异型轨道线路、齿轨线路质量符合设计及说明书要求	查现场。抽查 1 ~ 2 条巷道，1 处不符合要求扣 0.2 分
单轨吊线路	
单轨吊车线路达到以下要求： （1）下轨面接头间隙直线段不大于 3 mm； （2）接头高低和左右允许偏差分别为 2 mm 和 1 mm； （3）接头摆角垂直不大于 7°，水平不大于 3°； （4）水平弯轨曲率半径不小于 4 m，垂直弯轨曲率半径不小于 10 m； （5）起始端、终止端设置轨端阻车器	查现场。抽查 1 ~ 2 条巷道，轨端阻车器不符合要求扣 0.3 分，其他不符合要求 1 处扣 0.2 分
无轨胶轮车道路	
无轨胶轮车主要道路采用混凝土、铺钢板等方式硬化	查现场。抽查 1 ~ 3 条主要巷道，1 处未硬化扣 1 分
道岔	
1. 道岔轨型不低于线路轨型，无非标准道岔，道岔质量达到以下要求： （1）轨距按标准加宽后及辙岔前后轨距偏差不大于 +3 mm； （2）水平偏差不大于 5 mm； （3）接头平整度：轨面高低及内侧错差不大于 2 mm； （4）尖轨尖端与基本轨密贴，间隙不大于 2 mm，无跳动，尖轨损伤长度不超过 100 mm，在尖轨顶面宽 20 mm 处与基本轨高低差不大于 2 mm； （5）心轨和护轨工作边间距按标准轨距减小 28 mm 后，偏差 +2 mm； （6）扣件齐全、牢固，与轨型相符； （7）轨枕规格及数量符合标准要求，间距偏差不超过 50 mm，轨枕下应捣实	查现场，抽查 1 ~ 3 组，轨距、水平、接头平整度、尖轨、心轨和护轨工作边间距不符合要求 1 处扣 0.2 分，其他不符合要求 1 处扣 0.1 分；1 组道岔最高扣 1 分；1 组非标准道岔或道岔轨型低于线路轨型扣 1 分

续表

4.1.6　运输	
基 本 要 求	评 分 方 法
（7）道碴粒度及铺设厚度符合标准要求，轨枕下应捣实	
异型轨道线路、齿轨线路质量符合设计及说明书要求	查现场。抽查 1 ~ 2 条巷道，不符合要求 1 处扣 **0.3 分**
单轨吊线路	
单轨吊车线路达到要求： 1. 下轨面接头间隙直线段 ≤3 mm； 2. 接头高低和左右允许偏差分别为 2 mm 和 1 mm； 3. 接头摆角垂直 ≤7°，水平 ≤3°； 4. 水平弯轨曲率半径 ≥4 m，垂直弯轨曲率半径 ≥10 m； 5. 起始端、终止端设置轨端阻车器	查现场。抽查 1 ~ 2 条巷道，轨端阻车器不符合要求扣 0.3 分，其他不符合要求 1 处扣 0.2 分
无轨胶轮车道路	
主要运输巷道和行驶支架搬运车的采煤工作面顺槽，道路**必须进行**混凝土、铺钢板等方式硬化，**路面平整**	查现场。抽查 1 ~ 3 条巷道，未硬化 1 处扣 1 分，**平整不符合要求 1 处扣 0.2 分**
道岔	
道岔轨型不低于线路轨型，无非标准道岔，道岔质量达到要求： （1）轨距按标准加宽后及辙岔前后轨距偏差 ≤ +3 mm； （2）水平偏差 ≤5 mm； （3）接头平整度：轨面高低及内侧错差 ≤ 2 mm； （4）尖轨尖端与基本轨密贴，间隙 ≤2 mm，无跳动，尖轨损伤长度 ≤100 mm，在尖轨顶面宽 20 mm 处与基本轨高低差 ≤2 mm； （5）心轨和护轨工作边间距按标准轨距减小 28 mm 后，偏差 +2 mm； （6）扣件齐全、牢固，与轨型相符； （7）轨枕规格及数量符合标准要求，间距偏差不超过 50 mm，轨枕下应捣实	查现场。抽查 1 ~ 3 组，轨距、水平、接头平整度、尖轨、心轨和护轨工作边间距不符合要求 1 处扣 0.2 分，其他不符合要求 1 处扣 0.1 分；1 组道岔最高扣 1 分；1 组非标准道岔或道岔轨型低于线路轨型扣 1 分

续表

8.6　运输	
基 本 要 求	评 分 方 法
2. 单轨吊道岔达到以下要求： （1）道岔框架 4 个悬挂点的受力应均匀，固定点数均匀分布不少于 7 处； （2）下轨面接头轨缝不大于 3 mm； （3）轨道无变形，活动轨动作灵敏，准确到位； （4）机械闭锁可靠； （5）连接轨断开处设有轨端阻车器	查现场，抽查 1 ~3 组，机械闭锁、轨端阻车器不符合要求 1 处扣 1 分，其他不符合要求 1 处扣 0.5 分
窄轨架线电机车牵引网络	
1. 敷设质量达到以下要求： （1）架空线悬挂高度：自轨面算起，架空线悬挂高度在行人的巷道内、车场内以及人行道与运输巷道交叉的地方不小于 2 m；在不行人的巷道内不小于 1.9 m；在井底车场内，从井底到乘车场不小于 2.2 m；在地面或工业场地内，不与其他道路交叉的地方不小于 2.2 m； （2）架空线与巷道顶或棚梁之间的距离不小于 0.2 m；悬吊绝缘子距架空线的距离，每侧不超过 0.25 m； （3）架空线悬挂点的间距，直线段内不超过 5 m，曲线段内符合规定； （4）架空线直流电压不超过 600 V； （5）两平行钢轨之间每隔 50 m 连接 1 根断面不小于 50 mm^2 的铜线或者其他具有等效电阻的导线；线路上所有钢轨接缝处，用导线或者采用轨缝焊接工艺加以连接，连接后每个接缝处的电阻符合要求； （6）不回电的轨道与架线电机车回电轨道之间，应加以绝缘；第一绝缘点设在 2 种轨道的连	查现场。架空线悬挂高度、架空线与巷道顶或棚梁之间的距离、悬吊绝缘子距架空线的距离、架空线悬挂点间距、架空线直流电压、绝缘点不符合要求 1 处扣 0.3 分。其他不符合要求 1 处扣 0.1 分。架空线巷道乘人车场未装备有架空线自动停送电开关 1 处扣 1 分；已装备但不可靠 1 处扣 0.3 分；井下使用钢铝线扣 1 分

续表

4.1.6 运输	
基 本 要 求	评 分 方 法
单轨吊道岔达到要求： （1）道岔框架 4 个悬挂点的受力应均匀，固定点数均匀分布不少于 7 处； （2）下轨面接头轨缝≤3 mm； （3）轨道无变形，活动轨动作灵敏，准确到位； （4）机械闭锁可靠； （5）连接轨断开处有轨端阻车器	查现场。抽查 1～3 组，机械闭锁、轨端阻车器不符合要求 1 处扣 1 分，其他不符合要求 1 处扣 0.5 分
窄轨架线电机车牵引网络	
1. 敷设质量达到要求： （1）架空线悬挂高度、架空线与巷道顶或棚梁之间的距离、悬吊绝缘子距架空线的距离、架空线悬挂点的间距等符合规定； （2）架空线直流电压不超过 600V； （3）钢轨接缝处的电阻符合要求； （4）轨道绝缘设置符合要求； 2. 电机车架空线巷道乘人车场装备有自动停送电开关	查现场。架空线、直流电压、绝缘点不符合要求 1 处扣 0.3 分。其他不符合要求 1 处扣 0.1 分。架空线巷道乘人车场未装备有架空线自动停送电开关 1 处扣 1 分；已装备但不可靠 1 处扣 0.3 分；井下使用钢铝线**不得分**

续表

8.6 运输	
基 本 要 求	评 分 方 法
接处，第二绝缘点设在不回电的轨道上，其与第一绝缘点之间的距离应大于 1 列车的长度；在与架线电机车线路相连通的轨道上有钢丝绳跨越时，钢丝绳不得与轨道相接触； （7）绝缘点应经常检查维护，保持可靠绝缘 2. 电机车架空线巷道乘人车场装备有架空线自动停送电开关； 3. 井下不得使用钢铝线	
运输方式改善	
1. 长度超过 1.5 km 的主要运输平巷或者高差超过 50 m 的人员上下的主要倾斜井巷，应采用机械方式运送人员	查现场。1 处不符合要求不得分
2. 水平单翼距离超过 4000 m 时，有缩短人员和物料运输距离的有效措施； 3. 采用先进的运输方式替代多级、多段运输； 4. 矿井逐步取消调度绞车； 5. 矿井实现辅助运输连续化	查现场。不符合要求 1 处扣 0.1 分
三、运输设备	
普通轨斜巷（井）人车	
1. 制动装置齐全、灵敏、可靠； 2. 装备有跟车工在运行途中任何地点都能发送紧急停车信号的装置，并具有通话和信号发送、接收功能，灵敏可靠	查现场。1 处不符合要求“运输设备”大项不得分

续表

4.1.6 运输	
基 本 要 求	评 分 方 法
运输方式改善	
1. 长度超过 1.5 km 的主要运输平巷或者高差超过 50 m 的人员上下的主要倾斜井巷，应采用机械方式运送人员； 2. 水平单翼距离超过 4000 m 时，有缩短人员和物料运输时间的有效措施； 3. 采用先进的运输方式替代多级、多段运输，矿井实现辅助运输连续化； 4. 矿井逐步取消调度绞车	查现场。第 1 项不符合要求 1 处**扣 2 分**，其他项不符合要求 1 处**扣 0.2 分**
四、运输设备	
斜井人车	
1. 制动装置灵敏、可靠； 2. 有跟车工，有在运行途中任意点都能发送紧急停车信号的装置	查现场。1 处不符合要求不得分

续表

8.6 运输	
基本要求	评分方法
架空乘人装置	
1. 架空乘人装置正常运行；每日至少对整个装置进行1次检查； 2. 双向同时运送人员时钢丝绳间距不得小于0.8 m，固定抱索器的钢丝绳间距不得小于1.0 m；乘人吊椅距底板的高度不得小于0.2 m，在上下人站处不大于0.5 m；乘坐间距不应小于牵引钢丝绳5s的运行距离，且不得小于6 m；各乘人站设上下人平台，平台处钢丝绳距巷道壁不小于1 m，路面应当进行防滑处理，上、下人员地点前方应装置人员到达语音提醒装置； 3. 运行坡度、运行速度不得超过《煤矿安全规程》规定； 4. 驱动系统必须设置失效安全型工作制动装置和安全制动装置，安全制动装置必须设置在驱动轮上； 5. 装设超速、打滑、全程急停、防脱绳、变坡点防掉绳、张紧力下降、越位等保护装置，安全保护装置发生保护动作后，需经人工复位，方可重新启动； 6. 沿线设有延时启动声光预警信号； 7. 各上下人地点装备通信信号装置，具备通话和信号发送接收功能； 8. 除采用固定抱索器的架空乘人装置外，应当设置乘人间距提示或者保护装置； 9. 减速器应设置油温检测装置，当油温异常时能发出报警信号； 10. 有断轴保护措施； 11. 钢丝绳安全系数、插接长度、断丝面积、直径减小量、锈蚀程度符合《煤矿安全规程》规定； 12. 倾斜巷道中架空乘人装置与轨道提升系统	查现场和资料。未按规定装设有关装置扣2分，其他不符合要求1处扣1分

续表

4.1.6 运输	
基 本 要 求	评 分 方 法
架空乘人装置	
1. 架空乘人装置正常运行； 2. **吊椅中心至巷道一侧突出部分的距离、**钢丝绳间距、乘人吊椅距底板的高度、乘坐间距符合规定；乘人站设上下人平台，平台处钢丝绳距巷道壁≥1 m，路面进行防滑处理； 3. 运行坡度、运行速度符合《煤矿安全规程》规定； 4. 驱动系统设置失效安全型工作制动装置和安全制动装置，安全制动装置必须设置在驱动轮上，**且有效；每周至少检查一次闸瓦（片）磨损情况、闸瓦（片）与闸盘间隙及接触面积，符合相关标准规定；** 5. 有超速、打滑、全程急停、防脱绳、变坡点防掉绳、张紧力下降、越位等保护装置； 6. 沿线设有延时启动声光预警信号； 7. 上下人地点**应装置语音提醒装置；**装备通信信号装置，具备通话和信号发送接收功能，**有视频监视；** 8. 非固定抱索架空乘人装置有乘人间距提示和保护； 9. 减速器有油温检测，油温异常时能发出报警信号； 10. **驱动轮和尾轮**有断轴保护措施； 11. 钢丝绳安全系数、插接长度、断丝面积、直径减小量、锈蚀程度符合规定； 12. 倾斜巷道架空乘人装置：与轨道提升系统同巷布置时，设置电气闭锁；与带式输送机同巷布置时，隔离措施可靠； 13. 巷道应当设置照明	查现场和资料。未按规定装设有关装置扣 2 分，其他不符合要求 1 处扣 1 分

续表

8.6 运输	
基本要求	评分方法
同巷布置时，必须设置电气闭锁，2 种设备不得同时运行；倾斜巷道中架空乘人装置与带式输送机同巷布置时，必须采取可靠的隔离措施； 13. 巷道应当设置照明	
机车、平巷人车、矿车、专用车辆	
1. 制动装置符合规定，齐全、可靠； 2. 列车或者单独机车前有照明、后有红灯； 3. 警铃（喇叭）、连接装置和撒砂装置完好； 4. 同一水平行驶 5 台及以上机车时，装备机车运输集中信号控制系统及机车通信设备；同一水平行驶 7 台及以上机车时，装备机车运输监控系统； 5. 2016 年 10 月 1 日后投产的大型矿井的井底车场和运输大巷，装备机车运输监控系统或者运输集中信号控制系统； 6. 防爆蓄电池机车或者防爆柴油机动力机车装备甲烷断电仪或者便携式甲烷检测报警仪； 7. 防爆柴油机动力机车装备自动保护装置和防灭火装置； 8. 机车、平巷人车、矿车、专用车辆完好	查现场和资料。机车未按规定装设有关装置 1 处扣 1 分，其他不符合要求 1 处扣 0.2 分
调度绞车、卡轨车、无极绳连续牵引车、绳牵引卡轨车、绳牵引单轨吊车	
1. 调度绞车： （1）安装符合设计要求，固定可靠； （2）制动装置符合规定，齐全、可靠； （3）钢丝绳安全系数、断丝面积、直径减小量、锈蚀程度以及滑头、保险绳插接长度符合《煤矿安全规程》规定； （4）声光信号齐全、完好；	查现场和资料。未按规定装设有关装置扣 1 分，其他不符合要求 1 处扣 0.5 分

续表

4.1.6 运输	
基本要求	评分方法
机车、平巷人车、矿车、专用车辆	
1. 制动装置齐全、可靠； 2. 列车或者单独机车前有照明、后有红灯； 3. 警铃、连接装置和撒砂装置完好； 4. 同水平行驶 5 台及以上机车时，有机车运输集中信号控制系统及机车通信设备；同水平行驶 7 台及以上机车时，有机车运输监控系统； 5. **新建**大型**及以上**矿井的井底车场和运输大巷，有机车运输监控系统或者运输集中信号控制系统，**机车应具有定位装置**； 6. 防爆机车有甲烷断电仪或者便携式甲烷检测报警仪； 7. 防爆柴油机动力机车有自动保护装置和防灭火装置； 8. 机车、平巷人车、矿车、专用车辆完好	查现场和资料。机车未按规定装设有关装置 1 处扣 1 分，其他不符合要求 1 处扣 0.2 分
调度绞车、卡轨车、无极绳连续牵引车、绳牵引卡轨车、绳牵引单轨吊车	
1. 调度绞车： （1）安装符合设计，固定可靠； （2）制动装置齐全、可靠； （3）钢丝绳符合规定；**排列整齐**，绞车有钢丝绳伤人防护措施； （4）声光信号齐全、完好； 2. 卡轨车、无极绳连续牵引车、绳牵引卡轨车、绳牵引单轨吊车： （1）制动装置齐全、灵敏可靠、使用正常；	查现场和资料。未按规定装设有关装置扣 1 分，其他不符合要求 1 处扣 0.5 分

续表

8.6　运输	
基 本 要 求	评 分 方 法
（5）滚筒钢丝绳排列整齐，绞车有钢丝绳伤人防护措施 2. 卡轨车、无极绳连续牵引车、绳牵引卡轨车、绳牵引单轨吊车： （1）驱动部和牵引车制动闸齐全、灵敏可靠、使用正常； （2）装备越位、超速、张紧力下降等安全保护装置，并正常使用； （3）设置司机与相关岗位工之间的信号联络装置；设有跟车工时，应设置跟车工与牵引绞车司机联络用的信号和通信装置； （4）驱动部、各车场设置行车报警和信号装置； （5）钢丝绳安全系数、插接长度、断丝面积、直径减小量、锈蚀程度符合《煤矿安全规程》规定	
单轨吊车	
1. 具备2路以上相对独立回油的制动系统； 2. 设置既可手动又能自动的安全闸，并正常使用； 3. 超速保护、甲烷断电仪、防灭火设备等装置齐全、可靠； 4. 机车设置车灯和喇叭，列车的尾部设置红灯； 5. 柴油单轨吊车车的发动机排气超温、冷却水超温、尾气水箱水位、润滑油压力等保护装置灵敏、可靠； 6. 蓄电池单轨吊车装备蓄电池容量指示器及漏电监测保护装置，且齐全、可靠	查现场和资料。未按规定装设有关装置扣1分，其他不符合要求1处扣0.5分

续表

4.1.6　运输	
基 本 要 求	评 分 方 法
(2) 越位、超速、张紧力下降等保护装置可靠； (3) **有**司机与相关岗位工之间的信号联络装置；**有**跟车工时，设置跟车工与牵引车司机联络的信号和通信装置； (4) 驱动部、各车场设置行车报警和信号装置； (5) 钢丝绳符合规定	
单轨吊车	
1. 具备 2 路及以上**相互**独立回油的制动系统； 2. 设置既可手动又能自动的安全闸，并正常使用； 3. 超速保护、甲烷断电仪、防灭火等装置齐全、可靠； 4. 机车设置车灯和喇叭，列车的尾部设置红灯； 5. **燃油机车排气标准符合规定，**排气超温、冷却水超温、水箱水位、润滑油压力等保护装置灵敏、可靠； 6. 蓄电池单轨吊车装备蓄电池容量指示器及漏电监测保护装置； **7. 司机应当配备通信装置；** **8. 运送人员时，有制动和防护装置**	查现场和资料。未按规定装设有关装置扣 1 分，其他不符合要求 1 处扣 0.5 分

续表

8.6　运输	
基 本 要 求	评 分 方 法
无轨胶轮车	
1. 车辆转向系统、制动系统、照明系统、警示装置等完好可靠，车辆自带防止停车自溜的设施或工具； 2. 装备自动保护装置、便携式甲烷检测报警仪、防灭火设备等安全保护装置； 3. 行驶 5 台及以上无轨胶轮车时，装备车辆位置监测系统； 4. 装备有通信设备； 5. 运送人员应使用专用人车； 6. 载人或载货数量在额定范围内； 7. 运行速度：运人时不超过 25 km/h，运送物料时不超过 40 km/h，车辆不空挡滑行； 8. 井下无轨胶轮车应符合排气标准规定	查现场和资料。未按规定装设有关装置扣 1 分；抽查 3 辆无轨胶轮车，排气标准不符合规定 1 辆扣 1 分，其他不符合要求 1 处扣 0.5 分
四、运输安全设施	
挡车装置和跑车防护装置	
1. 轨道斜巷挡车装置和跑车防护装置符合《煤矿安全规程》规定要求，安装齐全、可靠，并正常使用； 2. 无轨胶轮车运行的长坡段巷道内必须采取车辆失速安全措施，巷道转弯处设置防撞装置	查现场。未按规定装设 1 处扣 2 分，其他不符合要求 1 处扣 0.5 分
安全警示	
1. 斜巷各车场及中间通道口装备有声光行车报警装置，并使用正常； 2. 斜巷双钩提升装备错码信号； 3. 弯道、井底车场、其他人员密集的地点、顶车作业区装备有声光预警信号装置，关键部位道岔装备有道岔位置指示器； 4. 各乘人地点悬挂有明显的停车位置指示牌；	查现场。未按规定装设 1 处扣 1 分，装设但不符合要求 1 处扣 0.5 分

续表

4.1.6 运输	
基 本 要 求	评 分 方 法
无轨胶轮车	
1. 转向、制动、照明系统**及**警示装置完好可靠，车辆**有**防止停车自溜设施或工具； 2. 装备自动保护装置、**甲烷断电仪或者**便携式甲烷检测报警仪、防灭火设备等安全保护装置； 3. **装备随车通信系统或车辆位置监测系统；**行驶 5 台及以上机车时，**有**车辆位置监测系统； 4. 运送人员使用专用人车； 5. 载人或载货数量**符合规定；** 6. 运行速度：运人时不超过 25 km/h，运送物料时不超过 40 km/h，车辆**严禁**空挡**或熄火**滑行； 7. 井下**燃油**无轨胶轮车符合排气标准规定	查现场和资料。未按规定装设有关装置扣 1 分；抽查 3 辆无轨胶轮车，排气标准不符合规定 1 辆扣 1 分，其他不符合要求 1 处扣 0.5 分
五、运输安全设施	
挡车装置和跑车防护装置	
1. 轨道斜巷挡车装置和跑车防护装置符合规定； 2. 无轨胶轮车运行的长坡段巷道内采取车辆失速措施； 3. **无轨胶轮车运行的**巷道转弯处设置防撞装置	查现场。**第 1～2 项未按规定装设 1 处扣 2 分，**其他不符合要求 1 处扣 0.5 分
安全警示	
1. 斜巷车场及中间通道口有可靠的声光行车报警装置； 2. 斜巷双钩提升**有**错码信号； 3. 弯道、井底车场、其他人员密集的地点、顶车作业区有声光预警信号装置，关键道岔有道岔位置指示器； 4. 各乘人地点悬挂有明显的停车位置指示牌；	查现场。未按规定装设 1 处扣 1 分，装设但不符合要求 1 处扣 0.5 分

续表

8.6 运输	
基 本 要 求	评 分 方 法
5. 斜巷车场悬挂最大提升车辆数及最大提升载荷数的明确标识； 6. 无轨胶轮车运输巷道各岔口、错车点、弯道、车场等处设有行车指示等安全标志和信号； 7. 有轨运输与无轨运输交叉处、有轨运输行人通行处等危险路段设置有限速和警示装置	
捆绑固定牢固可靠，有防跑防滑措施	查现场。不符合要求 1 处扣 1 分
保险链（绳）、连接环（链）、连接杆、插销、连接钩头及其连接方式符合规定	
七、文明生产	
作业场所	
1. 运输线路、设备硐室、车间等卫生整洁，设备清洁，材料分类、集中码放整齐	查现场。不符合要求 1 处扣 0.2 分
2. 主要运输线路水沟畅通，巷道无淤泥、积水；水沟侧作为人行道时，盖板齐全、稳固	

续表

<table>
<tr><th colspan="2">4. 1. 6　运输</th></tr>
<tr><th>基 本 要 求</th><th>评 分 方 法</th></tr>
<tr><td>5. 斜巷车场悬挂最大提升车辆数及最大提升载荷标识；
6. 无轨胶轮车运输巷道各岔口、错车点、弯道、车场等处有行车信号和安全标志；
7. 有轨运输与无轨运输交叉处、有轨运输行人通行处等危险路段设置有限速和警示装置；
8. 各运输岗位悬挂岗位责任制和操作规程</td><td></td></tr>
<tr><td>物料捆绑：
捆绑固定牢固可靠，有防跑防滑措施</td><td rowspan="2">查现场。不符合要求 1 处扣 1 分</td></tr>
<tr><td>连接装置：
保险链（绳）、连接环（链）、连接杆、插销、连接钩头完好，连接方式符合规定</td></tr>
<tr><th colspan="2">六、文明生产</th></tr>
<tr><th colspan="2">作业场所</th></tr>
<tr><td>运输线路、设备硐室、车间等卫生整洁，设备清洁，材料分类、集中码放整齐</td><td rowspan="2">查现场。不符合要求 1 处扣 0. 2 分</td></tr>
<tr><td>主要运输线路水沟畅通，巷道无淤泥、积水；水沟侧作为人行道时，盖板齐全、稳固</td></tr>
</table>

8.7 露天煤矿	
钻孔	
基 本 要 求	评 分 方 法
一、技术管理	
设计	
有钻孔设计并按设计布孔	查现场和资料。无钻孔设计不得分，不按设计布孔 1 处扣 1 分
钻孔位置及出入口	
钻孔位置有明显标识，1 个钻孔区留设的出入口不多于 2 个	查现场。不符合要求 1 处扣 1 分
验收资料	
有完整的钻孔验收资料	查资料。无验收资料不得分，资料不齐全 1 处扣 1 分
合格率	
钻孔合格率不小于 95%	查资料。钻孔合格率小于 95% 不得分

4.2 露天煤矿专业管理

4.2.1 钻孔

一、工作要求

1. 技术管理。设计符合要求，钻孔出入口设置合理，验收资料齐全。

2. 参数管理。孔深、孔距、排距、坡顶距等符合设计。

3. 操作管理。加强生产作业过程管控，加强对生产现场的安全管理，按作业规程进行护孔、调钻、预裂孔钻孔。

4. 安全管理。钻机在打边排孔、调平、走行作业过程中，严格遵守《煤矿安全规程》规定，钻孔时无扬尘。

5. 特殊作业管理。钻机在采空区、自然发火区、高温火区和水淹区等危险地段作业时，制定并执行安全技术措施，加强安全技术管理和现场管理。

6. 文明生产。作业场所、设备设施整洁，各类物资摆放规整。

二、评分方法

1. 存在重大事故隐患的，本部分不得分。

2. 按表 4.2.1 设立分值和要素评分，总分为 100 分。按照所检查存在的问题进行扣分，缺项不得分，各小项分数扣完为止。

3. “项目内容”缺项时，按式（1）进行计算：

$$A=\frac{100}{100-B}\times C \tag{1}$$

式中 A——钻孔部分实得分数；

B——缺项标准分值；

C——钻孔部分检查得分数。

4. 附加项评分

符合要求的得分，不符合要求的不得分也不扣分。附加项得分计入本部分总得分，最多加 2 分。

基 本 要 求	评 分 方 法
一、技术管理	
设计	
有钻孔设计和安全技术措施	查现场和资料。无钻孔设计或安全技术措施不得分；设计或措施不符合实际 1 处扣 1 分
钻孔位置及出入口	
钻孔位置有明显标识（钻机有定位功能的除外）；1 个钻孔区留设的出入口不多于 2 个	查现场。不符合要求 1 处扣 1 分
验收资料	
有完整的钻孔验收资料，包括孔距、排距、孔深、边眼距等	查资料。无验收资料不得分，资料不齐全 1 处扣 1 分
合格率	
钻孔合格率不小于 95%	查资料。钻孔合格率小于 95% 不得分

续表

钻孔	
基本要求	评分方法
二、钻孔参数管理	
单斗挖掘机	
孔深	
与设计误差不超过 0.5 m	查现场。不符合要求 1 处扣 2 分
孔距	
与设计误差不超过 0.3 m	查现场。不符合要求 1 处扣 2 分
行距	
与设计误差不超过 0.3 m	查现场。不符合要求 1 处扣 2 分
坡顶距	
钻孔距坡顶线距离与设计误差不超过 0.3 m	查现场。不符合要求 1 处扣 2 分
拉斗铲	
孔深	
与设计误差不超过 0.5 m	查现场。不符合要求 1 处扣 2 分
孔距	
与设计误差不超过 0.2 m	查现场。不符合要求 1 处扣 2 分
行距	
与设计误差不超过 0.2 m	查现场。不符合要求 1 处扣 2 分
坡顶距	
钻孔距坡顶线距离与设计误差不超过 0.2 m	查现场。不符合要求 1 处扣 2 分
方向角度	
符合设计	查现场。不符合要求 1 处扣 2 分
三、钻孔操作管理	
护孔	
钻机在钻孔完毕后进行护孔	查现场。未护孔 1 处扣 1 分
调钻	
钻机在调动时不压孔	查现场。压孔 1 处扣 2 分

续表

4.2.1 钻孔	
基 本 要 求	评 分 方 法
二、参数管理	
松动爆破	
孔深	
与设计值误差不超 0.5 m	查现场。不符合要求 1 处扣 **1 分**
孔距	
与设计值误差不超 0.3 m	查现场。不符合要求 1 处扣 **1 分**
排距	
与设计值误差不超 0.3 m	查现场。不符合要求 1 处扣 **1 分**
坡顶距	
钻孔距坡顶线距离与设计值误差不超 0.3 m	查现场。不符合要求 1 处扣 **1 分**
抛掷爆破	
孔深	
与设计值误差不超 0.5 m	查现场。不符合要求 1 处扣 **1 分**
孔距	
与设计值误差不超 0.2 m	查现场。不符合要求 1 处扣 **1 分**
排距	
与设计值误差不超 0.2 m	查现场。不符合要求 1 处扣 **1 分**
坡顶距	
钻孔距坡顶线距离与设计值误差不超 0.2 m	查现场。不符合要求 1 处扣 **1 分**
方向角度	
符合设计	查现场。不符合要求 1 处扣 **1 分**
三、操作管理	
护孔	
钻机在钻孔完毕后进行护孔	查现场。未护孔 1 处扣 1 分；**护孔不符合要求扣 0.5** 分
调钻	
钻机在调动时不压孔	查现场。压孔 1 处扣 2 分

续表

钻孔	
基 本 要 求	评 分 方 法
预裂孔线	
与设计误差不超过 0.2 m	查现场。不符合要求 1 处扣 1 分
钻机	
正常作业	查现场。发现带病作业不得分
四、钻机安全管理	
边孔	
钻机在打边排孔时，距坡顶的距离不小于设计，要垂直于坡顶线或夹角不小于 45°	查现场。安全距离不足、不垂直或夹角小于 45°，1 处扣 2 分
调平	
钻孔时钻机稳固并调平后方可作业	查现场。未调平不得分
除尘	
钻孔时无扬尘，有扬尘时钻机配备除尘设施	查现场。有扬尘不得分，除尘设施不完好 1 处扣 2 分
走行	
钻机在走行时符合《煤矿安全规程》规定	查现场。不符合要求不得分
五、特殊作业管理	
特殊条件作业	
钻机在采空区、自然发火的高温火区和水淹区等危险地段作业时，制定安全技术措施	查现场和资料。无安全技术措施不得分
补孔	
在装有炸药的炮孔边补钻孔时，制定安全技术措施并严格执行，新钻孔与原装药孔的距离不小于 10 倍的炮孔直径，并保持两孔平行	查现场和资料。无安全技术措施及炮孔距离不足不得分
七、文明生产	
作业环境	
1. 钻机驾驶室干净整洁无杂物，门窗玻璃干净； 2. 各类物资摆放规整； 3. 各种记录页面整洁	查现场和资料。不符合要求 1 项扣 1 分

续表

4.2.1 钻孔	
基 本 要 求	评 分 方 法
预裂孔轴线	
与设计误差不超过 0.2 m	查现场。不符合要求 1 处扣 1 分
钻机	
钻孔时无跑、冒、滴、漏等带病作业现象	查现场。**不符合要求 1 处扣 1 分**
四、安全管理	
边孔	
打边排孔时，**钻机应**垂直于坡顶线或与坡顶线夹角不小于 45°	查现场。安全距离不足、不垂直或夹角小于 45°，1 处扣 2 分
调平	
钻孔时钻机稳固并调平后方可作业	查现场。未调平不得分
除尘	
钻孔时无扬尘，有扬尘时配备除尘设施**并确保设施完好**	查现场。有扬尘不得分，除尘设施不完好 1 处扣 2 分
走行	
钻机在走行时符合《煤矿安全规程》规定	查现场。不符合**规定**不得分
五、特殊作业管理	
特殊条件作业	
钻机在采空区、**自然发火区、高温区**和水淹区等危险区域作业时，制定安全技术措施**并执行**	查现场和资料。**未制定安全技术措施不得分，不按制定措施执行不得分**
补孔	
在装有炸药（**雷管**）的炮孔边补钻孔时，制定安全技术措施并严格执行；新钻孔与原装药孔的距离不小于 10 倍的炮孔直径，并保持两孔平行	查现场和资料。无安全技术措施及炮孔距离不足不得分
六、文明生产	
作业环境	
1. 钻机驾驶室干净整洁无杂物，门窗玻璃干净； 2. 各类物资摆放规整	查现场。不符合要求 1 项扣 1 分

续表

钻孔	
基 本 要 求	评 分 方 法
爆破	
基 本 要 求	评 分 方 法
一、技术管理	
设计	
有爆破设计并按设计爆破，抛掷爆破有爆破效果分析总结	查资料。不符合要求不得分

续表

4.2.1 钻孔	
基 本 要 求	评 分 方 法
附加项	
技术进步	
1. 有钻孔设计软件，钻机具备一键调平、定位布孔、钻孔、实时监测、随钻参数提取功能； 2. 钻机具备远程遥控功能	查现场。符合要求 1 项加 1 分
4.2.2 爆破	
一、工作要求 1. 技术管理。按爆破设计作业，制定安全技术措施，有爆破技术设计评价。 2. 爆破质量。严格控制爆破质量，各类参数符合规定。 3. 爆破操作管理。加强爆破作业操作安全管理，严格按照设计和规程进行爆破作业。 4. 文明生产。作业人员劳动保护用品佩戴齐全，现场标识齐全完整，及时清理作业现场杂物。 二、评分方法 1. 存在重大事故隐患的，本部分不得分。 2. 按表 4.2.2 设立分值和要素评分，总分为 100 分。按照所检查存在的问题进行扣分，缺项不得分，各小项分数扣完为止。 3. “项目内容”缺项时，按式（1）进行计算： $$A=\frac{100}{100-B}\times C \qquad (1)$$ 式中 A——爆破部分实得分数； B——缺项标准分值； C——爆破部分检查得分数。	
基 本 要 求	评 分 方 法
一、技术管理	
设计	
有爆破设计和安全技术措施	查资料。无设计或安全技术措施不得分，设计或措施不符合实际 1 处扣 1 分
分析总结	
爆破后有爆破技术设计评估或评价	查资料。无爆破效果分析总结评估或评价不得分；不符合实际 1 处扣 1 分

续表

爆破	
基本要求	评分方法
二、爆破质量	
爆堆沉降及伸出	
爆堆沉降度和伸出宽度符合爆破设计和采装设备要求	查现场。不符合要求 1 处扣 2 分
拉底	
采后平盘不出现高 1 m、长 8 m 及以上的硬块	查现场。不符合要求 1 处扣 2 分
大块	
爆破后大块每万立方米不超过 3 块	查现场。不符合要求 1 处扣 2 分
硬帮	
坡面上不残留长 5 m、突出 2 m 及以上的硬帮	查现场。不符合要求 1 处扣 2 分
拉斗铲	
爆堆沉降	
沉降高度符合爆破设计	查现场。不符合要求 1 处扣 2 分
抛掷率	
有效抛掷率符合设计	查现场。不符合设计要求 1 次扣 3 分
三、爆破操作管理	
装药充填	
按设计要求装药，充填高度按设计施工	查现场和资料。不符合要求 1 处扣 2 分

续表

4.2.2 爆破	
基 本 要 求	评 分 方 法
二、爆破质量	
爆堆沉降及伸出	
爆堆沉降度和伸出宽度符合爆破设计	查现场。不符合要求 1 处扣 **1** 分
根底	
采后平盘不出现高 1 m、长 8 m 及以上的**根底**	查现场。不符合要求 1 处扣 **1** 分
大块	
设计要明确大块尺寸，爆破后大块每万立方米不超过 3 块	查现场。不符合要求 1 处扣 **1** 分
硬帮	
坡面上不残留长 5 m、突出 2 m 及以上的硬帮	查现场。不符合要求 1 处扣 **1** 分
伞檐	
坡顶不出现 0.5 m 及以上的伞檐	**查现场。不符合规定 1 处扣 1 分**
抛掷爆破	
爆堆沉降	
沉降高度符合爆破设计	查现场。不符合设计 1 处扣 **1** 分
抛掷率	
有效抛掷率符合**爆破**设计	查现场。不符合设计 1 次扣 **1** 分
残留半孔率	
中硬及以上岩石残留半孔率大于 50%；中硬以下岩石残留半孔率大于 40%	查现场。不符合要求 1 次扣 **1** 分
三、爆破操作管理	
爆破区域管理	
爆破区域设专人检查和管理；爆破区边界设置警示标志；爆破区域内无关人员、设备及时撤出	**查现场。未设专人管理、未设警示标志、未及时清理障碍物不得分；警示标志不全 1 处扣 1 分**
装药充填	
按设计要求装药，充填高度按设计施工	查现场和资料。不符合设计 1 处扣 **1** 分

续表

爆破	
基 本 要 求	评 分 方 法
连线起爆	
按设计施工	查现场和资料。不符合要求 1 处扣 2 分
警戒距离	
爆破安全警戒距离设置符合《煤矿安全规程》	查现场。小于规定距离不得分
爆破飞散物	
爆破飞散物安全距离符合爆破设计要求	查现场。不符合要求不得分
时间要求	
爆破作业在白天进行，不能在雷雨时进行	查现场和资料。不符合要求不得分
特殊条件作业	
在采空区和火区爆破时，按爆破设计施工并制定安全措施，有爆破效果分析总结	查现场和资料。无设计或安全措施不得分；分析总结不到位 1 处扣 1 分
爆破后检查	
爆破后，对爆破区进行现场检查，发现有断爆、拒爆时，立即采取安全措施处理，并向调度室和有关部门汇报	查现场和资料。无安全措施或没有汇报不得分
七、文明生产	
作业环境	
1. 现场作业人员劳保用品佩戴齐全，着装统一，符合 GB 6722 要求； 2. 现场标示齐全完整； 3. 及时清理场地杂物	查现场和资料。不符合要求 1 项扣 1 分

续表

4.2.2 爆破	
基本要求	评分方法
连线起爆	
按爆破设计施工	查现场和资料。不符合设计1处扣1分
警戒	
爆破安全警戒距离符合《煤矿安全规程》规定；按设计设置警戒点和警戒人员	查现场和资料。小于规定距离不得分，警戒点、警戒人员不符合规定不得分
爆破飞散物	
安全距离符合设计	查现场。不符合设计不得分
时间要求	
爆破作业在白天进行，不能在雷雨时进行，现场风力超过8级时停止爆破作业，大雾天和沙尘暴和能见度不超过100 m时停止爆破作业	查现场。不符合要求不得分
特殊条件作业	
在受采空区、自然发火区、高温区、水淹区等影响的危险地段爆破时，制定安全技术措施并执行	查现场和资料。未制定安全技术措施不得分，执行不到位不得分
爆破后检查	
爆破后，对爆破区进行现场检查，发现有断爆、拒爆时，立即采取安全措施处理，并按规定向调度室和有关部门汇报	查现场和资料。无安全措施不得分，汇报不符合规定1处扣1分
控制爆破	
采场临近到界台阶或其他需要采取控制爆破时，按设计施工	查现场和资料。不符合设计1处扣1分
四、文明生产	
作业环境	
1. 现场作业人员劳动保护用品佩戴齐全，符合《爆破安全规程》要求； 2. 现场标识齐全完整； 3. 及时清理场地杂物	查现场。劳动保护用品不符合规定不得分，其他不符合规定1处扣1分

续表

单斗挖掘机、轮斗挖掘机、拉斗铲采装	
基本要求	评分方法
一、技术管理	
设计	
有采矿设计并按设计作业，设计中有对安全和质量的要求	查资料。不符合要求不得分，无采矿设计总结扣3分，设计内容不全1处扣2分
规格参数	
符合采矿设计、技术规范	查资料。无测量验收资料（平面图、各平盘剖面图或规格参数统计报表）不得分，不符合设计、规范1项扣1分
二、采装工作面	
台阶高度（单斗挖掘机）	
符合设计，不大于挖掘机最大挖掘高度	查现场。超过规定高度1处扣2分
坡面角（单斗挖掘机）	
符合设计	查现场。不符合设计要求1处扣2分

续表

4.2.3 采装	
一、工作要求 1. 技术管理。有采矿设计并按设计作业，规格参数应符合采矿设计和技术规范。 2. 工作面。采装工作面台阶高度、坡面、平盘宽度及平整度均符合设计要求。 3. 设备操作管理。单设备作业时，应符合设备作业管理要求；多设备联合作业时要制定联合作业规程（措施）并执行。 4. 安全管理。采装作业时执行安全管理规定；特殊作业时应制定安全技术措施并落实。 5. 文明生产。作业场所、设备设施保持整洁，各类物资摆放规整；各种标识牌齐全完整；作业面保持平整、干净、无积水。 二、评分方法 1. 存在重大事故隐患的，本部分不得分。 2. 按表 4.2.3 设立分值和要素评分，总分为 100 分。按照所检查存在的问题进行扣分，缺项不得分，各小项分数扣完为止。 3. "项目内容"缺项时，按式（1）进行计算： $$A=\frac{100}{100-B}\times C \qquad (1)$$ 式中 A——采装部分实得分数； B——缺项标准分值； C——采装部分检查得分数。 4. 附加项评分 符合要求的得分，不符合要求的不得分也不扣分。附加项得分计入本部分总得分，最多加 2 分。	
基 本 要 求	评 分 方 法
一、技术管理	
设计	
有年度、月（季）度采矿设计，按设计作业并总结，设计中有对安全和质量的要求	查现场和资料。无采矿设计、总结不得分，设计、总结内容不全 1 项扣 1 分
验收资料	
有月（季）度采矿平面图、剖面图或参数统计报表等资料，内容包含台阶高度、平盘宽度等	查资料。无图纸或无报表不得分，内容不全 1 处扣 1 分
二、工作面	
台阶高度	
符合年度采矿设计	查现场。超过规定高度 1 处扣 2 分
台阶坡面	
单斗挖掘机在 30 m 之内凹凸不超 2 m	查现场。不符合要求 1 处扣 1 分

续表

单斗挖掘机、轮斗挖掘机、拉斗铲采装	
基本要求	评分方法
平盘宽度（单斗挖掘机）	
采装最小工作平盘宽度，满足采装、运输、钻孔设备安全运行和供电通信线路、供排水系统、安全挡墙等的正常布置	查现场。以 100 m 为 1 个检查区，工作面平盘宽度小于设计 1 处扣 2 分
工作面（轮斗挖掘机）	
1. 工作平盘标高与设计误差不超过 0.5 m； 2. 工作平盘宽度与设计误差不超过 1.0 m； 3. 台阶坡顶线平直度在 30 m 内误差不超过 1.0 m； 4. 工作平盘平整度符合设计	查现场。不符合要求 1 处扣 1 分
作业面整洁度（单斗挖掘机）	
及时清理，保持平整、干净	查现场。不符合要求 1 处扣 1 分
作业平盘（拉斗铲）	
1. 作业平盘密实度、平整度符合设计，作业时横向坡度不大于 2%、纵向坡度不大于 3%	查现场。不符合要求 1 处扣 3 分
2. 及时清理，平整、干净，采装、维修、辅助设备安全运行，供排水系统等正常布置	查现场。不符合要求 1 处扣 2 分
三、采装平盘工作面（单斗挖掘机）	
帮面	
齐整，在 30 m 之内误差不超过 2 m	查现场。不符合要求 1 处扣 2 分
底面	
平整，在 30 m 之内，需爆破的岩石平盘误差不超过 1.0 m，其他平盘误差不超过 0.5 m	查现场。不符合要求 1 处扣 2 分
伞檐	
工作面坡顶不出现 0.5 m 及以上的伞檐	查现场。不符合要求 1 处扣 1 分

续表

4.2.3　采装	
基 本 要 求	评 分 方 法
平盘宽度	
最小工作平盘宽度**符合年度采矿设计**	查现场。**采场**工作面平盘宽度**不足**1 处扣 **3 分**
平盘底面	
平盘平整度符合要求： **1.** 单斗挖掘机：每 30 m 内需爆破的岩石平盘误差值不超 1.0 m，其他平盘误差值不超 0.5 m； **2. 轮斗挖掘机：每 30 m 内误差值不超 0.5 m；** **3. 拉斗铲：每 50 m 内误差值不超 1 m，**作业时横向坡度不大于 2%、纵向坡度不大于 3%	查现场。不符合要求 1 处扣 **2 分**

续表

单斗挖掘机、轮斗挖掘机、拉斗铲采装	
基本要求	评分方法
四、采装设备操作管理（单斗挖掘机）	
装车标准	
采装设备在装车时，不装偏车，不刮、撞、砸设备	查现场。不符合要求1处扣2分
作业标准	
挖掘机作业时，履带板不悬空作业；挖掘机扭转方向角满足设备技术要求，不强行扭角调方向	查现场。不符合要求1处扣2分
联合作业	
当挖掘机、前装机、卡车、推土机联合作业时，制定联合作业措施，并有可靠的联络信号	查现场和资料。无联合作业措施以及有效联络信号不得分
特殊条件作业处理	
在挖掘过程中发现台阶崩落或有滑动迹象，工作面有伞檐或大块物料，遇有未爆炸药包或雷管、有塌陷危险的采空区或自然发火区、有松软岩层可能造成挖掘机下沉，以及发现不明地下管线或其他不明障碍物等危险时，立即停止作业，撤到安全地点，并报告调度室	查现场和资料。不符合要求不得分

续表

4.2.3 采装	
基本要求	评分方法
三、设备操作管理	
单斗挖掘机	
作业管理	
1. 作业时履带板不悬空，扭铲角度满足设备技术要求； 2. 装车时不装偏车，物料不超出车厢、顶部无大块，不刮、撞、砸设备	查现场。不符合要求 1 处扣 **1 分**
联合作业	
当挖掘机、前装机、卡车、推土机、**发电车**联合作业时，制定联合作业**措施并执行**	查现场和资料。无联合作业措施不得分；**联合作业措施执行不到位 1 项扣 1 分**
采掘安全	
1. 不能挖炮孔和安全挡墙； 2. 同一台阶作业的两台及以上挖掘机之间安全距离不小于规格最大的挖掘机最大挖掘半径的 2.5 倍； 3. 挖掘机不在大于规定的坡度上行走、作业	查现场。不符合规定 1 处扣 2 分
特殊作业	
在挖掘过程中发现台阶崩落或有滑动迹象、工作面有伞檐或大块物料、遇有未爆炸药包或雷管、有塌陷危险的采空区或自然发火区、有松软岩层可能造成挖掘机下沉以及发现不明地下管线或其他不明障碍物等危险时，立即停止作业，撤到安全地点，报告调度室，**制定相应的安全技术措施并落实后方可作业**	查现场和资料。不符合要求 **1 项扣 1 分**

续表

单斗挖掘机、轮斗挖掘机、拉斗铲采装	
基本要求	评分方法
三、设备操作管理（轮斗挖掘机）	
作业管理	
1. 工作面的开切方法、作业方式、切割方式、开采参数以及台阶组合形式按设计施工； 2. 开机后注意地表，观察工作表面情况，地面要有专人指挥； 3. 设备作业时，人员不进入作业区域和上下设备，在危及人身安全的作业范围内，人员和设备不能停留或者通过； 4. 设备作业时，司机注意监视仪表显示及其他信号，并观察采掘工作面情况，发现异常及时采取措施； 5. 斗轮工作装置不带负荷启动； 6. 消防器材齐全有效	查现场和资料。第 3 项和第 5 项不符合要求不得分，其他不符合要求 1 处扣 3 分
联合作业	
当轮斗挖掘机、胶带机、排土机联合作业时，制定联合作业措施，并有可靠的联络信号	查现场和资料。不符合要求不得分

续表

4.2.3　采装	
基 本 要 求	评 分 方 法
轮斗挖掘机	
作业管理	
1. 工作面的开切方法、作业方式、切割方式、开采参数以及台阶组合形式**符合年度采矿设计；** **2. 斗轮工作装置不带负荷启动**	查现场和资料。**不符合要求 1 处扣 1 分**
联合作业	
轮斗挖掘机、带式输送机、排土机联合作业时，制定联合作业措施**并执行，实现集中控制，**并有可靠的联络信号**和闭锁装置**	查现场和资料。无措施不得分，**不符合要求 1 处扣 0.5 分**
紧急停机开关可靠，各单机间实行安全闭锁控制，单机发生故障时，立即停车，同时向集中控制室汇报	**查现场。不符合要求不得分**
采掘安全	
1. 轮斗挖掘机、带式输送机装设拉绳开关和防跑偏、打滑、堵塞、撕裂等保护装置； **2. 紧急停机按钮、受料臂作业防撞装置、安全保护装置齐全可靠；** **3. 联锁装置、报警装置齐全可靠；** **4. 设备走行道路和作业场地坡度不得大于设备允许的最大坡度，转弯半径不得小于设备允许的最小转弯半径；** **5. 检修作业应停机闭锁；** **6. 设备照明完好**	**查现场。不符合要求 1 处扣 1 分**

续表

单斗挖掘机、轮斗挖掘机、拉斗铲采装	
基本要求	评分方法
特殊作业	
1. 工作面松软或者有含水沉陷危险，采取安全措施，防止设备陷落； 2. 风速达到 20 m/s 时不开机； 3. 长距离行走时，有专人指挥，斗轮体最下部距地表不小于 3 m，斗臂朝向行走方向； 4. 作业时，如遇大块坚硬物料，应采取措施	查现场和资料。不符合要求不得分
三、操作管理（拉斗铲）	
作业管理	
1. 作业时，行走靴外边缘距坡顶线的安全距离符合设计，底盘中心线与高台阶坡底线距离不小于 35 m，设备操作不过急倒逆； 2. 设备作业时，人员不能进入作业区域和上下设备；在危及人身安全的作业范围内，人员和设备不能停留或者通过； 3. 回转时，铲斗不拖地回转，装有物料的铲斗不从未覆盖的电缆上方回转； 4. 作业时，不急回转、急提升、急下放、急回拉、急刹车，不强行挖掘爆破后未解体的大块； 5. 尾线摆放规范，电缆无破皮； 6. 各部滑轮、偏心轮、辊子完好，各部润滑点润滑良好	查现场。1 处不符合要求不得分
联合作业	
工程设备（如推土机、前装机）进入拉斗铲 150 m 作业范围内作业时，做好呼唤应答，将铲斗置于安全位置，制动系统处于制动状态，拉斗铲停稳后，方可通知工程设备进入	查现场和资料。不符合要求不得分

续表

4.2.3 采装	
基本要求	评分方法
特殊作业	
1. 工作面松软、有含水沉陷危险、**在采空区上方作业或在大雾及雨雪等能见度低的情况下作业**时，应制定安全**技术**措施**并落实**； 2. **轮斗挖掘机**长距离行走时，**设**专人指挥，**受料臂与行走方向应在一条直线上**； 3. 作业时，遇大块坚硬物料应采取措施	查现场和资料。不符合要求 **1** 项扣 **1** 分
拉斗铲	
作业管理	
1. 作业时，行走靴外边缘距坡顶线的安全距离符合设计要求； 2. 铲斗不拖地回转，装有物料的铲斗不从未覆盖的电缆上方回转； 3. 作业时，不过急**倒逆**回转、提升、下放、回拉、刹车，不强行挖掘未解体的大块； **4. 拉斗铲在倒堆作业时，当物料堆高度超过作业平盘后，卸料时铲斗尖距物料堆的距离控制在 1～3 m** 之间	查现场。不符合要求 1 处扣 **0.5** 分
联合作业	
辅助设备进入拉斗铲回转半径 **50**～150 m 范围内作业时，**应**做好呼唤应答，**回转时大臂不跨越辅助设备**	查现场。不符合要求 **1** 项扣 **0.5** 分。

续表

单斗挖掘机、轮斗挖掘机、拉斗铲采装	
基本要求	评分方法
坡度限制	
走铲时横向坡度不大于 5%、纵向坡度不大于 10%	查现场。1 处不符合要求扣 2 分
特殊作业	
1. 雨雪天地表湿滑、有积水时，处理后方可作业； 2. 避雷装置完好有效，雷雨天时不作业，人员不上下设备； 3. 遇大雾或扬沙天气时，做好呼唤应答，必要时停止作业	查现场和资料。1 处不符合要求不得分
七、文明生产	
作业环境	
1. 操作室、配电室、行走平台及过道干净整洁无杂物，门窗玻璃干净； 2. 各种标识牌齐全完整； 3. 各种记录页面整洁	查现场和资料。不符合要求 1 项扣 1 分

续表

4.2.3 采装	
基本要求	评分方法
采掘安全	
走铲时，横向坡度不大于 5%、纵向坡度不大于 10%	查现场。不符合要求 1 处扣 **0.5** 分
特殊作业	
1. 雨雪天地表湿滑、有积水时，处理后方可作业； 2. 避雷装置完好有效，雷雨天时不作业，人员不上下设备； 3. 遇大雾或扬沙天气时，做好呼唤应答，必要时停止作业	查现场。不符合要求 1 项扣 **0.2** 分
四、文明生产	
作业环境	
1. 作业场所、设备设施整洁，设备及各类物资摆放规整，各种标识牌齐全完整； **2. 作业面保持平整、干净、无积水**	查现场。不符合要求 1 处扣 **0.5** 分
附加项	
技术进步	
挖掘机实现远程操控作业或轮斗挖掘机实现自动挖掘对中	**查现场。符合要求 1 台加 0.5 分，最高加 1 分**
剥离自营	
剥离实现全部自营	**查现场。符合要求加 1 分**
4.2.4 运输	
一、工作要求 **1.** 技术管理。公路运输道路参数符合设计；铁路运输系统有设计和运输系统平面图；带式输送机/破碎站符合设计，各类记录详实。	

续表

露天煤矿公路运输	
基 本 要 求	评 分 方 法
一、运输道路规格及参数	
路面宽度	
符合设计	查现场和资料。不符合要求 1 处扣 2 分

续表

<table>
<tr><td colspan="2">4.2.4 运输</td></tr>
<tr><td colspan="2">2. 质量管理。运输道路、线路质量符合设计。
3. 安全管理。运输设施及施工作业要符合规程规定，各类标识、标志、信号、保护装置齐全有效。
4. 文明生产。作业场所、设备设施整洁，各类物资摆放规整。
二、评分方法
1. 存在重大事故隐患的，本部分不得分。
2. 单一运输工艺的评分
公路运输按照表 4.2.4－1、铁路运输按照表 4.2.4－2、带式输送机/破碎站运输按照表 4.2.4－3 进行评分，满分均为 100 分，按照所检查存在的问题进行扣分，缺项不得分，各小项分数扣完为止。项目内容中有缺项时按式（1）进行计算：
$$A_i=\frac{100}{100-B_i}\times C_i \tag{1}$$
式中 A_i——公路、铁路、带式输送机/破碎站运输部分实得分数；
B_i——缺项标准分值；
C_i——公路、铁路、带式输送机/破碎站运输部分检查得分数。
3. 采用多种运输工艺的评分
按照近 12 个月每种工艺实际运输量比例，加权平均后作为运输部分的最终得分，按式（2）进行计算：
$$A=\sum_{i=1}^{n}A_i\times D_i \tag{2}$$
式中 A——运输部分实得分数；
n——检查的运输工艺种数；
A_i——检查的每种工艺得分；
D_i——每种工艺的近 12 个月实际运输量比例。
4. 附加项评分
符合要求的得分，不符合要求的不得分也不扣分。附加项得分计入本部分总得分，最多加 2 分。</td></tr>
<tr><td colspan="2">露天煤矿公路运输</td></tr>
<tr><td>基 本 要 求</td><td>评 分 方 法</td></tr>
<tr><td colspan="2">一、技术管理</td></tr>
<tr><td colspan="2">路面宽度</td></tr>
<tr><td>符合年度采矿设计</td><td>查现场和资料。不符合设计 1 处扣 2 分</td></tr>
</table>

续表

露天煤矿公路运输	
基 本 要 求	评 分 方 法
路面坡度	
符合设计	查现场和资料。不符合要求 1 处扣 2 分
交叉路口	
设视线角	查现场。不符合要求 1 处扣 1 分
变坡点	
道路凸凹变坡点设竖曲线	查现场和资料。不符合要求 1 处扣 1 分
最小曲线半径、超高及加宽	
符合设计	查现场和资料。不符合要求 1 处扣 1 分
二、运输道路质量管理	
道路平整度	
1. 主干道路面起伏不超过设计的 0.2 m; 2. 半干线或移动线路路面起伏不超过设计的 0.3 m	查现场。不符合要求 1 处扣 2 分
道路排水	
根据当地气象条件设置相应的排水系统	查现场和资料。不符合要求 1 处扣 2 分
道路整洁度	
路面整洁，无散落物料	查现场。不符合要求 1 处扣 1 分
三、运输道路安全管理	
安全挡墙	
高度不低于矿用卡车轮胎直径的 2/5	查现场。不符合要求 1 处扣 1 分
洒水降尘	
洒水抑制扬尘，冬季采用雾状喷洒、间隔分段喷洒或其他措施	查现场。扬尘未得到有效控制 1 处扣 1 分

续表

露天煤矿公路运输	
基 本 要 求	评 分 方 法
路面坡度	
符合年度采矿设计	查现场和资料。不符合设计 1 处扣 2 分
交叉路口	
视距符合要求	查现场。不符合要求 1 处扣 1 分
变坡点	
道路凸凹变坡点设竖曲线	查现场和资料。不符合要求 1 处扣 1 分
最小曲线半径	
符合年度采矿设计	查现场和资料。不符合设计 1 处扣 1 分
二、质量管理	
道路平整度	
1. 主干道路面起伏不超过 0.2 m; 2. 半干线或移动线路路面起伏不超过 0.3 m	查现场。不符合要求 1 处扣 1 分
道路排水	
根据当地气象条件设置相应的排水系统	查现场和资料。不符合要求 1 处扣 2 分
道路整洁度	
路面整洁，无散落物料	查现场。不符合要求 1 处扣 1 分
三、安全管理	
安全挡墙	
高度为矿用卡车轮胎直径的 2/5 ~ 3/5	查现场。不符合要求 1 处扣 1 分
洒水降尘	
洒水抑制扬尘	查现场。扬尘未得到有效控制 1 处扣 1 分

续表

露天煤矿公路运输	
基 本 要 求	评 分 方 法
道路封堵	
废弃路段及时封堵	查现场。未封堵不得分
车辆管理	
进入矿坑的小型车辆配齐警示灯或警示旗	查现场。不符合要求 1 次扣 1 分
四、道路标志与养护	
反光标识	
主要运输路段的转弯、交叉处有夜间能识别的反光标识	查现场。不符合要求 1 处扣 1 分
道路养护	
配备必需的养路设备，定期进行养护	查现场。道路养护不到位或设备配备不满足要求 1 处扣 1 分
警示标志	
根据具体情况设置警示标志	查现场。不符合要求 1 处扣 1 分
六、文明生产	
作业环境	
1. 车辆驾驶室及平台干净整洁无杂物，门窗玻璃干净； 2. 各种记录页面整洁	查现场和资料。1 项不符合要求扣 1 分

续表

露天煤矿公路运输	
基 本 要 求	评 分 方 法
道路封堵	
废弃路段、**停用路口**及时封堵	查现场。未封堵不得分
车辆管理	
1. 进入矿坑的小型车辆按规定**配备**警示灯**或警示旗**； **2. 制定各类车型限速标准和安全车距**	查现场和资料。不符合规定 1 次扣 1 分
四、道路标志与养护	
反光标识	
主要运输路段的转弯、交叉处有夜间能识别的反光标识	查现场。不符合要求 1 处扣 1 分
道路养护	
配备必需的养路设备，定期进行养护	查现场。道路养护不到位或设备配备不满足要求 1 处扣 1 分
警示标志	
转弯、交叉路口等特殊路段设置警示标志	查现场。不符合要求 1 处扣 1 分
五、文明生产	
驾驶环境	
车辆驾驶室及平台干净整洁无杂物	查现场。不符合要求 1 处扣 1 分
附加项	
技术进步	
应用无人驾驶卡车运输作业	**查现场。符合要求 1 台加 0.1 分，最高加 2 分**

续表

露天煤矿铁路运输	
基 本 要 求	评 分 方 法
一、技术管理	
技术规划	
1. 铁路运输系统重点工程有年度设计计划并按计划执行	查资料。不符合要求不得分
2. 有铁路运输系统平面图	查现场和资料。无平面图不得分，与现场不符 1 处扣 1 分
二、质量与标准	
铁道线路	
1. 符合设计	查现场。无设计不得分
2. 损伤扣件及时补充、更换	查现场。不符合要求 1 处扣 0.5 分
3. 目视直线直顺，曲线圆顺	查现场。不符合要求 1 处扣 0.5 分
4. 空吊板不连续出现 5 块以上	查现场。不符合要求 1 处扣 0.5 分
5. 无连续 3 处以上瞎缝	查现场。不符合要求 1 处扣 0.5 分
6. 重伤钢轨有标记、有措施	查现场。不符合要求 1 处扣 0.5 分
架线	
1. 接触网高度符合要求	查现场。不符合要求不得分
2. 各种标志齐全完整、明显清晰	查现场。1 处不符合要求扣 0.5 分
3. 各部线夹安装适当、排列整齐	查现场。不符合要求 1 处扣 0.5 分
4. 角形避雷器间隙标准误差不超过 1 mm	查现场。不符合要求 1 处扣 0.5 分
5. 木质电柱坠线有绝缘装置	查现场。不符合要求 1 处扣 0.5 分

续表

露天煤矿铁路运输	
基本要求	评分方法
一、技术管理	
设计	
有年度设计并执行	查资料。无年度设计不得分，未按设计执行 1 处扣 1 分
站场线路符合设计规范	查资料。无设计不得分，不符合设计 1 处扣 1 分
图纸	
有铁路运输系统平面图并与现场一致	查现场和资料。无平面图不得分，与现场不符 1 处扣 1 分
计划	
铁路运输量有年、月度计划	查资料。无计划不得分，缺少 1 项扣 0.5 分
二、质量管理	
铁道线路	
线路轨距、水平符合规定	查现场。不符合规定 1 处扣 0.3 分
损伤扣件及时更换	查现场。不符合要求 1 处扣 0.3 分
直线直顺，曲线圆顺	查现场。不符合要求 1 处扣 0.5 分
空吊板不连续出现 5 块	查现场。不符合要求 1 处扣 0.3 分
失效枕木不连续出现 3 根	查现场。不符合要求 1 处扣 0.3 分
钢轨垂直磨耗不超过 10 mm，侧面磨耗不超过 18 mm	查现场。不符合要求 1 处扣 0.5 分
接触网	
接触网高度符合规定	查现场。不符合规定 1 处扣 0.5 分
各种标志齐全完整、明显清晰	查现场。不符合要求 1 处扣 0.3 分
各部线夹使用适当、排列整齐	查现场。不符合要求 1 处扣 0.5 分
角形避雷器间隙标准，误差不超过 1 mm	查现场。不符合要求 1 处扣 0.5 分
木质电柱坠线有绝缘装置	查现场。不符合要求 1 处扣 0.5 分

续表

露天煤矿铁路运输	
基 本 要 求	评 分 方 法
信号	
2. 信号显示距离符合标准	查现场。不符合要求不得分
3. 转辙装置各部螺丝紧固，绝缘件完好，道岔正常转换	查现场。不符合要求 1 处扣 0.5 分
4. 信号外线路铺设符合要求	查现场。不符合要求 1 处扣 0.5 分
车站	
1. 有车站行车工作细则	查资料。不符合要求 1 处扣 0.5 分
2. 日志、图表等填写规范	查资料。不符合要求 1 项扣 0.5 分
3. 行车用语符合标准	查现场和资料。不符合要求 1 处扣 0.5 分
4. 安全设施齐全完好	查现场。不符合要求 1 处扣 0.5 分
三、设备管理	
内业管理	
有档案、台账，统计数字完整清晰	查资料。不符合要求 1 项扣 0.5 分
设备状态	
设备技术状态标准、安全装置齐全、灵活可靠	查现场。不符合要求 1 处扣 0.5 分
设备使用	
定人操作、定期保养	查现场和资料。不符合要求 1 处扣 0.5 分
五、文明生产	
作业环境	
1. 机车驾驶室干净整洁无杂物，门窗玻璃干净； 2. 铁道线路水沟畅通，线路两侧材料摆放规整； 3. 各种记录页面整洁	查现场。不符合要求 1 项扣 1 分

续表

露天煤矿铁路运输	
基 本 要 求	评 分 方 法
信号	
信号显示距离符合规定	查现场。不符合规定 1 处扣 0.5 分
转辙装置各部螺丝紧固，绝缘件完好，道岔正常转换	查现场。不符合要求 1 处扣 0.5 分
信号外线路铺设符合规定	查现场。不符合规定 1 处扣 0.5 分
车站	
接、发列车及时准确	查现场。不符合要求 1 处扣 0.3 分
行车日志、图表等填写规范	查现场。不符合要求 1 处扣 0.5 分
行车用语符合规定	查现场。不符合规定 1 处扣 0.5 分
及时对道岔进行清扫、除雪、除草	查现场。不符合要求 1 处扣 0.3 分
道口	
道口标志齐全，防护设施灵活有效	查现场。不符合要求 1 处扣 0.3 分
道口开放、关闭要及时准确	查现场。不符合要求 1 处扣 0.5 分
道口轮缘槽干净无异物	查现场。不符合要求 1 处扣 0.5 分
三、安全管理	
安全规程	
各工种有作业规程、操作规程，并严格执行	查现场和资料。不符合要求 1 项扣 0.5 分
安全措施	
特殊作业有安全技术措施并执行	查现场和资料。无措施不得分，措施执行不到位 1 处扣 1 分
防火设施	
各岗点防火设施齐全完好	查现场。不符合要求 1 处扣 0.5 分
四、文明生产	
作业环境	
作业场所、设备设施整洁，各类物资摆放规整	查现场。不符合要求 1 项扣 1 分

续表

<table>
<tr><td colspan="3">露天煤矿带式输送机/破碎站运输</td></tr>
<tr><td colspan="2">基 本 要 求</td><td>评 分 方 法</td></tr>
<tr><td colspan="3">一、技术管理</td></tr>
<tr><td colspan="3">设计</td></tr>
<tr><td colspan="2">符合设计并按设计作业</td><td>查现场和资料。不符合要求不得分</td></tr>
<tr><td colspan="3">记录</td></tr>
<tr><td colspan="2">设备运行、检修、维修和人员交接班记录翔实</td><td>查资料。不符合要求 1 项扣 1 分</td></tr>
<tr><td colspan="3">二、作业管理</td></tr>
<tr><td colspan="3">巡视</td></tr>
<tr><td colspan="2">定时检查设备运行状况，记录齐全</td><td>查资料。不符合要求 1 项扣 1 分</td></tr>
<tr><td colspan="3">带式输送机</td></tr>
<tr><td colspan="2">机头机尾：无积水</td><td>查现场。不符合要求 1 处扣 2 分</td></tr>
<tr><td colspan="2">最大倾角：符合设计</td><td>查现场。不符合要求不得分</td></tr>
<tr><td colspan="2">分流站：伸缩头有集控调度指令方可操作，设备运转部位及其周围无人员和其他障碍物，不造成物料堆积洒落</td><td>查现场。不符合要求不得分</td></tr>
<tr><td colspan="2">清料：沿线清料及时，无洒物，不影响行车、检修作业；结构架上积料及时清理，不磨损托辊、输送带或滚筒</td><td>查现场。不符合要求 1 处扣 2 分</td></tr>
<tr><td colspan="3">破碎站</td></tr>
<tr><td colspan="2"></td><td></td></tr>
<tr><td rowspan="2">半固定式破碎站</td><td>清料：破碎站工作平台及其下面没有洒料</td><td>查现场。不符合要求 1 处扣 1 分</td></tr>
<tr><td>卸料口挡车器：挡车器高度达到运煤汽车轮胎直径的 2/5 以上</td><td>查现场。不符合要求 1 处扣 1 分</td></tr>
<tr><td></td><td></td><td></td></tr>
</table>

续表

露天煤矿带式输送机/破碎站运输		
基本要求		评分方法
一、技术管理		
计划		
有年、月（季）度计划并按计划作业，计划中有对安全和质量的要求		查现场和资料。**无计划及总结不得分；计划内容不全 1 项扣 1 分**
记录		
设备运行、检修、维修和人员交接班记录**详实**		查资料。不符合要求 1 项扣 1 分
二、质量管理		
巡视		
定时检查设备运行状况，记录齐全		查资料。不符合要求 1 项扣 1 分
带式输送机		
机头机尾：无积水		查现场。不符合要求 1 处扣 **3 分**
最大倾角：符合设计		查现场。不符合设计不得分
分流站：分流站伸缩头有集控调度指令方可操作，设备运转部位及其周围无人员和其他障碍物，不造成物料堆积洒落		查现场。不符合要求不得分
清料：沿线清料及时，无洒**落**物，不影响行车、检修作业；结构架上积料及时清理，不磨损托辊、输送带或滚筒		查现场。不符合要求 1 处扣 **3 分**
破碎站		
照明设施：卸车平台应当有良好的照明系统，并有卸料指示信号安全装置		**查现场。不符合要求 1 处扣 1 分**
半固定式破碎站	清料：破碎站工作平台及其下面没有洒料	查现场。不符合要求 1 处扣 1 分
	卸料口挡车器：挡车器高度**为矿用卡车安全限位高度**	查现场。不符合要求**不得分**
自移式破碎站	**清料：破碎站工作平台及其下面没有洒料**	**查现场。不符合要求 1 处扣 1 分**

续表

露天煤矿带式输送机/破碎站运输	
基本要求	评分方法
三、安全管理	
启动间隔	
2 次启动间隔时间不少于 5 min	查现场和资料。不符合要求不得分
启动要求	
设备准备运转前，司机检查设备并确认无危及设备和人身安全的情况，向集控调度汇报后方可启动设备	查现场。不符合要求不得分
消防设施	
齐全有效，有检查记录	查现场和资料。不符合要求 1 处扣 1 分
带式输送机	
安全保护装置： 1. 设置防止输送带跑偏、驱动滚筒打滑、纵向撕裂和溜槽堵塞等保护装置；上行带式输送机设置防止输送带逆转保护装置，下行带式输送机设置防止超速保护装置； 2. 沿线设置紧急连锁停车装置； 3. 在驱动、传动和自动拉紧装置的旋转部件周围设置防护装置	查现场。不符合要求 1 处扣 1 分
半固定式破碎站	
除铁器：运行有效	查现场和资料。不符合要求不得分
大块处理：处理料仓内的特大块物料时有安全技术措施	查现场和资料。不符合要求不得分
自移式破碎机	
与挖掘设备距离：符合矿相关规定	查现场和资料。不符合要求不得分
大块处理：处理料仓内的特大块物料时有安全技术措施	查现场和资料。不符合要求不得分
五、文明生产	
作业环境	
1. 操作室干净整洁，室内各设施保持完好； 2. 各类物资摆放规整； 3. 各种记录规范，页面整洁	查现场和资料。1 项不符合要求扣 1 分

续表

露天煤矿带式输送机/破碎站运输	
基本要求	评分方法
三、安全管理	
启动间隔	
启动间隔时间不少于 5 min	查现场。不符合要求不得分
启动要求	
设备准备运转前，司机检查设备并确认无危及设备和人身安全的情况，向集控调度汇报后方可启动设备	查现场。不符合要求不得分
消防设施	
消防设施符合设计，齐全有效，有检查记录	查现场和资料。不符合要求 1 处扣 1 分
带式输送机	
安全保护装置： 1. 设置防止输送带跑偏、驱动滚筒打滑、纵向撕裂和溜槽堵塞等保护装置；上行带式输送机设置防止输送带逆转保护装置，下行带式输送机设置防止超速保护装置； 2. 沿线设置紧急连锁停车装置； 3. 在驱动、传动和自动拉紧装置的旋转部件周围设置防护装置	查现场。不符合要求 1 处扣 1 分
半固定式破碎站	
除铁器：运行有效	查现场。不符合要求不得分
大块处理：处理料仓内的特大块物料时**应制定并落实**安全技术措施	查现场和资料。不符合要求不得分
自移式破碎机	
与挖掘设备距离：符合矿相关规定	查现场和资料。不符合规定不得分
大块处理：处理料仓内的特大块物料时**应制定并落实**安全技术措施	查现场和资料。不符合要求不得分
四、文明生产	
作业环境	
1. 操作室干净整洁，室内各设施保持完好； 2. 各类物资摆放规整	查现场。不符合要求 1 项扣 1 分

续表

露天煤矿带式输送机/破碎站运输	
基本要求	评分方法

续表

露天煤矿带式输送机/破碎站运输	
基 本 要 求	评 分 方 法
附加项	
技术进步	
建立无人巡检系统，具备自动行走、自主定位、异常状态识别及自动报警功能	查现场。实现 1 项功能加 0.5 分
4.2.5　排土	

一、工作要求

1. 技术管理。有设计并按设计作业，排土参数及安全距离符合要求，定期对排土场进行巡视并做好记录。

2. 质量管理。台阶高度、平盘宽度、反坡、安全挡墙等符合要求。

3. 安全管理。排土设备、设施及现场施工作业符合规程规定，各类标识标志、保护设施齐全有效。

4. 文明生产。作业场所、设备设施整洁，现场无散料，各类物资摆放规整。

二、评分方法

1. 存在重大事故隐患的，本部分不得分。

2. 单一排土工艺的评分：

卡车/铁道排土按照表 **4.2.5－1** 进行评分、排土机排土按照表 **4.2.5－2** 进行评分，总分均为 **100** 分，按照所检查存在的问题进行扣分，缺项不得分，各小项分数扣完为止。项目内容中有缺项时按式（**1**）进行计算。

$$A_i = \frac{100}{100 - B_i} \times C_i \tag{1}$$

式中　A_i——卡车/铁道、排土机排土部分实得分数；

B_i——缺项标准分值；

C_i——卡车/铁道、排土机排土部分检查得分数。

3. 采用多种工艺评分

近 **12** 个月每种工艺实际排土量比例，加权平均后作为排土部分最终得分，按式（**2**）进行计算：

$$A = \sum_{i=1}^{n} A_i \times D_i \tag{2}$$

式中　A——排土部分实得分数；

n——检查的排土工艺种数；

A_i——检查的每种工艺排土得分；

D_i——每种排土工艺在近 **12** 个月实际排土量比例。

4. 附加项评分

符合要求的得分，不符合要求的不得分也不扣分。附加项得分计入本部分总得分，最多加 **2** 分。

续表

卡车/铁路排土场	
基 本 要 求	评 分 方 法
一、技术管理	
设计	
有设计并按设计作业	查资料。无设计不得分，无总结不得分，设计内容不全 1 处扣 2 分
规格参数	
排弃后实测的各项技术数据符合设计	查资料。无测量验收资料（平面图、各平盘剖面图或规格参数统计报表）不得分，不符合设计 1 项扣 2 分
安全距离	
内排土场最下一个台阶的坡底线与坑底采掘工作面之间的安全距离不小于设计	查现场和资料。不符合要求不得分
巡视	
定期对排土场巡视，记录齐全	查资料。无巡视记录不得分，不符合要求 1 处扣 1 分
二、排土工作面规格参数管理	
台阶高度	
1. 符合设计	查现场。不符合要求 1 处扣 2 分
工作面平整度	
作业平盘平整，50 m 范围内误差不超过 0. 5 m	查现场。不符合要求 1 处扣 2 分
卡车	
排土线	
排土线顶部边缘整齐，50 m 范围内误差不超过 2 m	查现场。不符合要求 1 处扣 1 分

续表

卡车/铁路排土	
基本要求	评分方法
一、技术管理	
设计	
有年、月（季）度采矿设计，按设计作业并总结，设计中有对安全和质量的要求	**查现场和资料。无采矿设计及总结不得分；设计及内容不全 1 项扣 1 分**
验收资料	
有月（季）度采矿平面图、剖面图或参数统计报表等资料，内容包含台阶高度、平盘宽度	**查资料。无图纸和报表不得分；内容不全 1 处扣 1 分**
安全距离	
内排土场最下一个台阶的坡底线与坑底采掘工作面之间的安全距离不小于**年度采矿**设计	查现场。不符合设计不得分
巡视	
定期对排土场巡视，记录齐全	查资料。**无制度或**无巡视记录不得分，不符合要求 1 处扣 1 分
二、质量管理	
台阶高度	
符合**年度采矿**设计	查现场。不符合设计 1 处扣 2 分
平盘宽度	
最小工作平盘宽度符合年度采矿设计	**查现场。不符合设计 1 处扣 2 分**
工作面平整度	
作业平盘平整，50 m 范围内误差不超过 0.5 m	查现场。不符合要求 1 处扣 2 分
卡车	
排土线	
排土线顶部边缘整齐，50 m 范围内误差不超过 2 m	查现场。不符合要求 1 处扣 1 分

续表

卡车/铁路排土场	
基本要求	评分方法
反坡	
排土工作面向坡顶线方向有 3% ~5% 的反坡	查现场。不符合要求 1 处扣 1 分
安全挡墙	
排土工作面卸载区有连续的安全挡墙，车型小于 240 t 时安全挡墙高度不低于轮胎直径的 0.4 倍，车型大于 240 t 时安全挡墙高度不低于轮胎直径的 0.35 倍。不同车型在同一地点排土时，按最大车型的要求修筑安全挡墙	查现场。不符合要求 1 处扣 1 分
铁路	
标志完整	
排土线常用的信号标志齐全，位置明显	查现场。不符合要求 1 处扣 1 分
排土宽度	
不小于 22 m，不大于 24 m	查现场。不符合要求 1 处扣 1 分
受土坑安全距离	
线路中心至受土坑坡顶距离不小于 1.5 m，雨季不小于 1.9 m	查现场。不符合要求 1 处扣 1 分
三、排土作业管理	
排土安全	
1. 风氧化煤、煤矸石、粉煤灰按设计排弃	查现场。1 处不符合要求扣 1 分
2. 当发现危险裂缝时立即停止作业，向调度室汇报，并制定安全措施	查现场和资料。不符合要求不得分
卡车	
(1) 卡车排土和推土机作业时，设备之间保持足够的安全距离	查现场。不符合要求 1 处扣 1 分
(2) 排土工作线至少保证 2 台卡车能同时排土作业	查现场。不符合要求 1 处扣 1 分
(3) 排土时卡车垂直排土工作线，不能高速倒车冲撞安全挡墙	查现场。冲撞安全挡墙不得分
(4) 推土机不平行于坡顶线方向推土	查现场。平行推土不得分

续表

卡车/铁路排土	
基本要求	评分方法
反坡	
排土工作面向坡顶线方向有 3% ~5% 的反坡	查现场。不符合要求 1 处扣 1 分
安全挡墙	
排土工作面卸载区有连续的安全挡墙，车型小于 240 t 时安全挡墙高度不低于轮胎直径的 0.4 倍，车型大于 240 t 时安全挡墙高度不低于轮胎直径的 0.35 倍。不同车型在同一地点排土时，按最大车型的要求修筑安全挡墙	查现场。不符合要求 1 处扣 1 分
铁路	
标志完整	
排土线常用的信号标志齐全，位置明显	查现场。不符合要求 1 处扣 1 分
排土宽度	
不小于 **20 m**，不大于 24 m	查现场。不符合要求 1 处扣 1 分
受土坑安全距离	
线路中心至受土坑坡顶距离不小于 **1.4 m**	查现场。不符合要求 1 处扣 1 分
三、安全管理	
排土作业安全	
当发现危险裂缝时立即停止作业，向调度室汇报，**制定并落实安全技术措施后方可作业**	查现场和资料。不符合要求不得分
卡车	
推土机、**装载机**、卡车作业时，设备之间保持足够的安全距离	查现场。不符合要求 1 处扣 1 分
排土时卡车垂直排土工作线，不能高速倒车冲撞安全挡墙	查现场。冲撞安全挡墙不得分
推土机、**装载机**不平行于坡顶线方向推土	查现场。平行推土不得分

续表

卡车/铁路排土场	
基本要求	评分方法
铁路	
(1) 列车进入排土线翻车房以里线路，由排土人员指挥列车运行	查现场。不符合要求 1 处扣 1 分
(2) 翻车时两人操作，执行复唱制度	查现场。不符合要求 1 处扣 1 分
安全挡墙	
1. 上下平盘同时进行排土作业或下平盘有运输道路、联络道路时，在下平盘修筑安全挡墙	查现场。不符合要求 1 处扣 1 分
2. 最终边界的坡底沿征用土地的界线修筑 1 条安全挡墙	查现场。无挡墙不得分
六、文明生产	
作业环境	
1. 推土设备驾驶室干净整洁无杂物，门窗玻璃干净； 2. 各种记录页面整洁	查现场和资料。不符合要求 1 处扣 1 分

排土机排土	
基本要求	评分方法
一、技术管理	
设计	
有设计并按设计作业	查资料。无设计不得分，无总结不得分，设计内容不全 1 处扣 2 分
规格参数	
排弃后实测的各项技术数据符合设计	查资料。无测量验收资料（平面图、各平盘剖面图或规格参数统计报表）不得分，不符合设计 1 项扣 2 分
巡视	
定期对排土场巡视，记录齐全	查资料。无巡视记录不得分，不符合要求 1 处扣 1 分

续表

卡车/铁路排土	
基本要求	评分方法
铁路	
列车进入排土线翻车房以里线路，由排土人员指挥列车运行	查现场。不符合要求 1 处扣 1 分
翻车时两人操作，执行复唱制度	查现场。不符合要求 1 处扣 1 分
安全挡墙	
上下平盘同时进行排土作业或下平盘有运输道路、联络道路时，在下平盘修筑安全挡墙	查现场。不符合要求 1 处扣 1 分
最终边界的坡底沿征用土地的界线修筑 1 条安全挡墙	查现场。无挡墙不得分
四、文明生产	
作业环境	
作业场所、设备设施整洁，现场无散料，各类物资摆放规整	查现场。不符合要求 1 处扣 1 分
排土机排土	
基本要求	评分方法
一、技术管理	
设计	
有年度、月（季）度采矿设计、按设计作业并总结，设计中有对安全和质量的要求	查现场和资料。无采矿设计、无总结不得分，设计、总结内容不全 1 项扣 1 分
验收资料	
有月（季）度采矿平面图、剖面图或参数统计报表等资料，内容包含台阶高度、平盘宽度	查资料。无图纸或无报表不得分；内容不全 1 处扣 1 分
巡视	
定期对排土场巡视，记录齐全	查资料。无巡视记录不得分，不符合要求 1 处扣 1 分

续表

排土机排土	
基 本 要 求	评 分 方 法
上排高度、下排高度	
符合设计	查现场和资料。不符合要求不得分
符合设计，超高时制定安全技术措施	查现场和资料。不符合设计或无安全技术措施不得分，安全技术措施不全1处扣1分，现场操作人员未掌握安全技术措施不得分
二、工作面规格参数	
排土线	
沿上排坡底线、下排坡顶线方向30 m内误差不超过1 m	查现场。不符合要求1处扣2分
工作面平整度	
排土机工作面平顺，在30 m内误差不超过0.3 m	查现场。不符合要求1处扣2分
安全挡墙	
排土工作面到界结束后，距离检修道路近的地段在下排坡顶设有连续的安全挡墙	查现场。不符合要求1处扣2分
三、排土作业管理	
联合作业	
推土机及时对排弃工作面进行平整，不在坡顶线平行推土	查现场。平行推土不得分
排土安全	
1. 推土机对出现的沉降裂缝及时碾压补料	查现场。不符合要求1处扣2分
2. 排土时排土机距离下排坡顶的安全距离符合设计	查现场。不符合要求不得分

续表

排土机排土	
基 本 要 求	评 分 方 法
排土高度	
上排、下排高度符合设计，**下排**超高时制定安全技术措施	查现场和资料。不符合设计或无安全技术措施不得分，安全技术措施不全1处扣1分，现场操作人员未掌握安全技术措施不得分
二、工作面规格参数	
平盘宽度	
符合设计	查资料。不符合设计不得分
排土线	
沿上排坡底线、下排坡顶线方向30 m内误差不超过1 m	查现场。不符合要求1处扣2分
工作面平整度	
排土机工作面平顺，在30 m内误差不超过0.3 m	查现场。不符合要求1处扣2分
安全挡墙	
排土工作面到界结束后，距离检修道路近的地段在下排坡顶设有连续的安全挡墙	查现场。不符合要求1处扣2分
三、排土作业管理	
联合作业	
推土机对排弃工作面进行平整，不在坡顶线平行推土	查现场。平行推土不得分
排土安全	
推土机对出现的沉降裂缝碾压补料	查现场。不符合要求1处扣2分
排土时排土机距离下排坡顶的安全距离符合设计	查现场。不符合要求不得分
当排土机进行上排作业时，排料臂的下缘与台阶坡顶线的安全距离不应小于0.5 m	**查现场。不符合要求不得分**

续表

排土机排土	
基 本 要 求	评 分 方 法
照明	
排土工作面夜间排弃时配有照明设备	查现场。不符合要求 1 处扣 2 分
气候影响	
1. 雨季重点观察排土场有无滑坡迹象，有问题及时向有关部门汇报	查资料。不符合要求不得分
2. 雨天持续时间较长、雨量较大时，排土机停止作业，停放在安全地带	查现场。不符合要求不得分
四、安全管理	
安全挡墙	
1. 上下平盘同时进行排土作业或下平盘有运输道路、联络道路时，下平盘有安全挡墙	查现场。不符合要求 1 处扣 2 分
2. 最终边界的坡底沿征用土地的界线修筑 1 条安全挡墙	查现场。无挡墙不得分
到界平盘	
最终边界到界前 100 m，采取措施，提高边坡的稳定性	查现场。未采取措施不得分
六、文明生产	
作业环境	
1. 驾驶室干净整洁无杂物，门窗玻璃干净； 2. 各种记录页面整洁	查现场和资料。1 项不符合要求扣 1 分

续表

排土机排土	
基本要求	评分方法
安全设施	
排土工作面夜间排弃时配有照明设备	查现场。不符合要求1处扣**1**分
联锁装置、报警装置齐全可靠	**查现场。不符合要求1处扣1分**
气候影响	
雨季重点观察排土场有无滑坡迹象，**出现滑坡迹象及时采取相应措施并**向有关部门汇报	查资料。不符合要求不得分
雨天持续时间较长、雨量较大时，排土机停止作业，停放在安全地带	查现场。不符合要求不得分
四、安全管理	
安全挡墙	
上下平盘同时进行排土作业或下平盘有运输道路、联络道路时，下平盘有安全挡墙	查现场。不符合要求1处扣2分
最终边界的坡底沿征用土地的界线修筑1条安全挡墙	查现场。无挡墙不得分
作业管理	
外侧履带与台阶坡顶线之间安全距离符合规定	**查现场。不符合规定不得分**
五、文明生产	
作业环境	
作业场所、设备设施整洁，各类物资摆放规整	查现场。不符合要求1项扣1分
附加项	
技术进步	
实现排土机无人操控排土功能	**查现场。实现功能加2分**

续表

露天煤矿机电	
基 本 要 求	评 分 方 法
一、设备管理	
管理制度	
有机电设备管理、机电设备事故管理制度	查资料。无制度不得分，制度内容不全 1 处扣 1 分
设备证标	
机电设备有产品合格证（进口设备有厂家出具的测试报告），纳入安标管理的产品有煤矿矿用产品安全标志	查现场和资料。1 台设备不符合要求不得分
设备完好	
机电设备综合完好率不低于 90%	查资料。无统计报表不得分，每低于 1 个百分点扣 0.5 分
设备档案	
齐全完整	查资料。不齐全完整 1 项扣 1 分

续表

4.2.6 机电	
一、工作要求 1. 设备管理。设备管理制度完善，档案、证标齐全；设备完好率、待修率、事故率符合规定。 2. 矿用设备。设备技术标准与要求符合移交验收要求；各类电气设施、动力设施、机械构造完好可靠，辅助设施完整。 3. 供电管理。供配电资料齐全，内容详实；供配电设施完好、可靠。 二、评分方法 1. 存在重大事故隐患的，本部分不得分。 2. 按表 4.2.6 评分，总分为 100 分。按照所检查存在的问题进行扣分，缺项不得分，各小项分数扣完为止。 3. “项目内容”缺项时，按式（1）进行计算： $$A=\frac{100}{100-B}\times C \quad (1)$$ 式中 A——机电部分实得分数； B——缺项标准分值； C——机电部分检查得分数。	
基 本 要 求	评 分 方 法
一、设备管理	
管理制度	
有机电设备管理制度、检修规程	查资料。无制度或规程不得分，制度内容、不符合实际 1 处扣 0.5 分
设备证标	
机电设备有产品合格证（进口设备有厂家出具的测试报告），纳入安标管理的产品有煤矿矿用产品安全标志	查现场和资料。不符合要求不得分
设备完好	
1. 对设备完好率、可用率和故障率进行统计分析； 2. 设备交接班、启动前检查、检修和运行记录详实	查现场和资料。不符合要求 1 处扣 0.2 分
设备档案	
齐全完整，图文清晰，主要设备“一台一档”管理，包括购置合同、组装调试、验收、技术参数、日常运行、维修、保养、大修、改造、事故等内容	现场抽查 3 台设备，不符合要求 1 台扣 1 分

续表

露天煤矿机电	
基 本 要 求	评 分 方 法
二、钻机	
电气部分	
1. 供电电缆及接地完好，外皮无破损； 2. 行走时电缆远离履带； 3. 配电系统保护齐全，定时整定并有记录，机上保存最新记录，配电柜上锁； 4. 使用直流控制的操作系统，直流开关灭弧装置正常，开关性能良好； 5. 机上各仪表完好、各电气开关标识明确，停开有明显标识； 6. 各照明设备性能良好，固定牢靠	查现场和资料。不符合要求 1 处扣 1 分
机械部分	
1. 液压管保护完好，护套绑扎牢固，管路无破损、不漏油； 2. 钻塔起落装置、托架完好，连接件无松动、裂纹、开焊等； 3. 储杆装置完好，换杆系统灵活可靠； 4. 以内燃机为动力的钻机，三滤齐全，转速、液压、流量满足钻孔和行走要求，系统无渗漏，内燃机转速正常，启动、停车灵活可靠； 5. 液压系统用油符合说明书要求，按规定保养，工作时油温正常	查现场和资料。不符合要求 1 处扣 1 分
辅助部分	
1. 电热和正压通风设备运行良好； 2. 机上消防设施完好可靠； 3. 驾驶室完好，空调完好	查现场。不符合要求 1 处扣 1 分

续表

4.2.6 机电	
基本要求	评分方法
消防设施	
机上消防设施完好可靠	查现场。不符合要求 1 处扣 0.2 分
二、钻机	
电气部分	
1. 供电电缆及接地完好，外皮无破损； 2. 电气保护齐全，整定合理并有记录，机上保存最新记录，配电柜上锁； 3. 使用直流控制的操作系统，直流开关灭弧装置正常，开关性能良好； 4. 机上各仪表完好、各电气开关标识明确，停开有明显标识； 5. 各照明设备性能良好，固定牢靠	查现场和资料。不符合要求 1 处扣 0.3 分
机械部分	
1. 液压管保护完好，护套绑扎牢固，管路无破损、不漏油； 2. 钻塔起落装置、托架完好，连接件无松动、裂纹、开焊等； 3. 储杆装置完好，换杆系统灵活可靠； 4. 内燃机动力钻机，系统无渗漏，转速正常，启动、停车灵活可靠，转动部位护罩有效； 5. 液压系统用油符合说明书要求，按规定保养，工作时油温正常	查现场。不符合要求 1 处扣 0.3 分
辅助部分	
1. 电热和正压通风设备运行良好； 2. 驾驶室完好，空调完好	查现场。不符合要求 1 处扣 0.3 分

续表

露天煤矿机电	
基 本 要 求	评 分 方 法
三、挖掘机	
机械部分	
1. 空气压缩系统工作正常，压缩机无漏油、跑风，气压正常，无杂音； 2. 提升（推压）钢丝绳无断股，绷绳断丝不超限，开门绳无扭结、无断股，各导绳绳轮转动良好； 3. 铲斗斗齿无缺损； 4. 铲斗插销、斗门开合自如，旋转时门缝不漏料； 5. 推压机构润滑正常，通道无积油； 6. 天轮润滑良好，无裂纹，磨损不超限； 7. 推压齿条无缺牙断齿； 8. 回转齿圈和滚道润滑正常，无缺齿，磨损不超限； 9. 提升滚筒无裂纹； 10. 履带运行正常无断裂，张紧装置定位牢固可靠，张紧适度，辊轮转动灵活，滚道无损坏； 11. A 形架无裂纹； 12. 制动系统工作正常，不发生过卷； 13. 减速传动装置有安全罩，不漏油	查现场。不符合要求 1 处扣 1 分

续表

4.2.6 机电	
基 本 要 求	评 分 方 法
三、液压挖掘机	
液压部分	
1. 液压管路完好、无扭结、无摩擦、无漏油，固定可靠； 2. 各工作油缸运行平稳，无漏油，活塞杆无损伤； 3. 液压泵、液压马达及阀组工作正常，无异常噪声和振动，控制阀可靠灵敏； 4. 润滑系统润滑良好，管路完好，无漏油； 5. 液压油箱、泵传动油箱液位正常； 6. 机上各仪表完好、标识明确； 7. 液压系统用油符合要求，工作时油温正常	查现场和资料。不符合要求 1 处扣 **0.3 分**
机械部分	
1. 铲斗铲尖、铲套、护套和铲斗护唇正常磨损、无开裂； 2. 履带板连接正常，自锁螺栓无缺失和松动； 3. 支重轮、托链轮、驱动轮、引导轮工作正常； 4. 行走马达、减速机地脚螺栓有无松动、变形； 5. 底架梁、动臂、斗杆主体梁等结构件无裂纹和开焊； 6. 动臂和铲斗销轴润滑良好、密封良好，磨损不超限； 7. 上机梯子完好，各处护栏无开焊和破损	查现场。不符合要求 1 处扣 **0.3 分**

续表

露天煤矿机电	
基 本 要 求	评 分 方 法
辅助部分	
1. 机顶人行道防滑垫完整、粘贴可靠，各种扶手、挡链连接可靠、使用方便； 2. 机房清洁无杂物，消防设施齐全，警报装置正常，润滑室通风正常；操作室完好，空调完好； 3. 梯子完好，抽动自如，信号准确； 4. 配重箱无破裂，配重量符合标准； 5. 机下和操作室联络信号灵活可靠	查现场。不符合要求 1 处扣 1 分

续表

4.2.6 机电	
基本要求	评分方法
辅助部分	
1. 设备照明完好； **2.** 泵传动散热风扇和液压油箱散热风扇正常工作； 3. 驾驶室完好无杂物，空调完好	查现场。不符合要求 1 处扣 **0.3** 分
四、电铲	
电气部分	
1. 配电系统的各项保护齐全，计算机和显示系统工作正常，诊断警报可靠； **2.** 变配电系统工作正常，机上电缆入槽，无过热，槽内清洁无杂物，盖板齐全，无松动； **3.** 司机操作系统灵活可靠； **4.** 电机不过热； **5.** 维修所用连接电源安全可靠； **6.** 大臂、司机室内外和机房照明正常有效； **7.** 各种电线、电缆连接可靠，绑扎固定； **8.** 电器柜加锁，通风良好，无积尘	查现场。不符合要求 **1** 处扣 **0.3** 分
机械部分	
1. 空气压缩系统工作正常，压缩机无漏油、跑风，气压正常，无杂音； **2. A** 形架、提升滚筒无裂纹，提升（推压）钢丝绳无断股，绷绳断丝不超限，开门绳无扭结、无断股，各导绳绳轮转动良好； **3.** 铲斗插销、斗门开合自如，旋转时门缝不漏料，斗齿无缺损； **4.** 推压机构润滑正常，通道无机油，推压齿条无缺牙断齿； **5.** 天轮润滑良好，无裂纹，磨损不超限； **6.** 回转齿圈和滚道润滑正常，无缺齿，磨损不超限； **7.** 履带运行正常无断裂，张紧装置定位牢固可靠，张紧适度，辊轮转动灵活，滚道无损坏； **8.** 制动系统工作正常，不发生过卷； **9.** 减速传动装置有安全罩，不漏油	查现场。不符合要求 **1** 处扣 **0.3** 分

续表

露天煤矿机电	
基 本 要 求	评 分 方 法
四、矿用卡车	
动力设施	
1. 风机等的传动皮带运转正常，无超限磨损； 2. 发动机冷却液温度正常，系统工作良好； 3. 发动机怠速声均匀无杂音； 4. 启动电池连接良好，无闪络（火花）痕迹； 5. 增压器接管无裂痕，固定牢靠，有防火布； 6. 排烟管无裂缝； 7. 发动机和发电机（液压马达）连接正常； 8. 发电机通风管道无漏风，软接头良好； 9. 电动轮通风正常； 10. 电拖动开关箱无变形，闭锁正常； 11. 电子监控系统显示正常； 12. 电子加速踏板（俗称油门踏板）工作正常； 13. 车辆上的插件无松动，工作正常； 14. 缓行减速工作正常；电阻栅不过热，无过热烧损痕迹，通风冷却正常； 15. 冷却通风及过热警告系统工作正常； 16. 各种仪表显示正常； 17. 电动轮无环火，换向器表面无烧蚀痕迹，碳刷压力和高度正常，刷架定位正常； 18. 照明和倒车信号指示正确，联动无误，灯光正常	查现场。1 处不符合要求扣 0.5 分

续表

4.2.6 机电	
基本要求	评分方法
辅助部分	
1. 机顶人行道防滑垫完整、粘贴可靠，各种扶手、挡链连接可靠、使用方便； **2. 机房清洁无杂物，警报装置正常，润滑室通风正常；操作室及空调完好；** **3. 梯子完好，收放自如，信号准确；** **4. 配重箱无破裂，配重量符合标准；** **5. 机下和操作室联络信号可靠**	**查现场。不符合要求 1 处扣 0.3 分**
五、矿用卡车	
动力设施	
1. 风机等设施的传动皮带运转正常，**磨损不超限；** 2. 发动机冷却液温度正常，系统工作良好，怠速声均匀无杂音，排烟管无裂缝； 3. 发电机通风管道无漏风，软接头良好； 4. 启动电池连接良好，无放电痕迹； 5. 增压器接管无裂痕，固定牢靠，有防火布； 6. 电拖动开关箱无变形，闭锁正常； 7. 电子监控系统显示正常； 8. 电子加速踏板工作正常； 9. 车辆上插件无松动，工作正常； 10. 冷却通风及过热警告系统工作正常； 11. 各种仪表显示正常，照明、倒车、**转向、示宽灯等灯光齐全有效**，联动无误	查现场。不符合要求 1 处扣 **0.3 分**

续表

露天煤矿机电	
基 本 要 求	评 分 方 法
机械部分	
1. 制动系统可靠； 2. 悬挂装置完好，工作正常； 3. 关节联结，润滑良好； 4. 举升系统完好，工作正常； 5. 鼻锥连接正常，润滑良好； 6. 平衡杆无弯曲，连接点润滑良好； 7. 箱斗和机架间衬垫良好，无缺损，车架无裂痕； 8. 转向系统调整正常； 9. 轮胎与轮辋匹配，打石器完整，灵活无断裂； 10. 定期查验防滚架（ROPS）架构，螺丝紧固适当； 11. 油尺和油箱视窗保持完好； 12. 各种管线固定，接口完好	查现场和资料。不符合要求 1 处扣 0.5 分
辅助部分	
1. 集中润滑系统完好，各人工注油嘴保持通畅，按规定注油； 2. 驾驶室空调、雨刷器完好； 3. 司机座位调整和方向盘调整适合司机操作； 4. 驾驶室完好，安全带、门锁、门窗使用灵活，玻璃完整； 5. 司机上下车梯子完整，固定可靠； 6. 消防设施完好； 7. 轮胎管理符合技术要求，定时换位，检查胎温、胎压、花纹及胎面，并作好记录、存档	查现场和资料。不符合要求 1 处扣 0.5 分

续表

4.2.6 机电	
基本要求	评分方法
机械部分	
1. 制动、**转向和举升系统部件完好，性能良好；** 2. 悬挂装置完好，工作正常； **3. 牵引销、平衡梁销、厢斗销连接正常，润滑良好；** **4. 厢斗等大型结构件无变形、破损，**车架无裂纹，**减振垫完好；** **5. 轮胎螺栓无松动、缺失，打石器完好；** 6. 油尺和油箱视窗完好； 7. 各种管路连接、固定完好	查现场和资料。不符合要求 1 处**扣 0.3 分**
辅助部分	
1. 集中润滑系统完好，各注油点通畅，按规定注油； 2. 驾驶室、空调、雨刷器、**安全带**完好； 3. 上下车梯完整，固定可靠； **4. 各种智能安全保护装置可靠；** 5. 轮胎管理符合技术要求，定时换位，检查胎温、胎压、花纹及胎面，并作好记录、存档	查现场和资料。不符合要求 1 处**扣 0.3 分**

续表

露天煤矿机电	
基 本 要 求	评 分 方 法
五、连续工艺	
电气部分	
1. 各种安全保护装置齐全有效； 2. 机上固定电缆理顺、捆绑、入槽或挂钩固定、布置整齐，接线规范、无裸露接头； 3. 电器柜内无积尘，电气元器件齐全、无破损、标识明确，柜内布线整齐，按规定捆绑； 4. 配电室及时上锁； 5. 电机接线盒、风翅、风罩齐全、无破损； 6. 电气保护接地齐全、规范； 7. 室外电气控制箱、操作箱箱体完好，箱内元器件齐全、无破损、无积尘、及时上锁； 8. 室外照明灯具完好	查现场。不符合要求 1 处扣 0.2 分
机械部分	
1. 制动性能良好，制动部件完好； 2. 钢丝绳磨损和断丝不超限，滑轮无裂痕，紧固端无松动； 3. 减速器通气孔干净、畅通，减速器油位、油质合格； 4. 润滑部件完好、齐全； 5. 防倾翻安全钩间隙不超限； 6. 履带张紧适度，履带板无断裂； 7. 斗轮体的锥体和圆弧导料板、斜溜料板、溜槽和挡板磨损不超限； 8. 变幅机构张力值不超限； 9. 钢结构无开焊、变形、断裂现象，防腐完好，各部连接螺栓紧固齐全； 10. 胶带机驱动滚筒及改向滚筒包胶磨损不超限； 11. 胶带损伤、磨损不超限； 12. 清扫器齐全有效； 13. 各转动部位防护罩、防护网齐全有效； 14. 消防设施齐全有效； 15. 驾驶室完好，空调完好	查现场。不符合要求 1 处扣 0.2 分

续表

4.2.6 机电	
基 本 要 求	评 分 方 法
六、轮斗挖掘机	
电气部分	
1. 各种安全保护装置齐全有效； 2. 机上固定电缆理顺、捆绑、入槽或挂钩固定、布置整齐，接线规范、无裸露接头； 3. 电器柜内无积尘，电气元器件齐全、无破损、标识明确，柜内布线整齐，按规定捆绑； 4. 配电室、控制箱、操作箱上锁； 5. 控制箱、操作箱、电动机完好； 6. 电气保护齐全、可靠； 7. 室外照明灯具完好	查现场。不符合要求 1 处扣 0.3 分
机械部分	
1. 制动部件完好，制动性能良好； 2. 钢丝绳磨损和断丝不超限，滑轮无裂痕，紧固端无松动； 3. 减速器通气孔干净、畅通，减速器油位、油质合格； 4. 润滑部件完好、齐全； 5. 防倾翻安全钩间隙不超限； 6. 履带张紧适度，履带板无断裂； 7. 斗轮体的锥体和圆弧导料板、斜溜料板、溜槽和挡板磨损不超限； 8. 变幅机构张力值不超限； 9. 钢结构无开焊、变形、断裂现象，防腐完好，各部连接螺栓紧固齐全； 10. 带式输送机驱动滚筒及改向滚筒包胶磨损不超限； 11. 胶带损伤、磨损不超限； 12. 清扫器齐全有效； 13. 各转动部位防护罩、防护网齐全有效； 14. 操作室、空调完好	查现场。不符合要求 1 处扣 0.3 分

续表

露天煤矿机电	
基本要求	评分方法
排土机	
电气部分	
1. 各种安全保护装置齐全有效； 2. 机上固定电缆理顺、捆绑、入槽或挂钩固定、布置整齐，接线规范、无裸露接头； 3. 电器柜内无积尘，电气元器件齐全、无破损、标识明确，柜内布线整齐，按规定捆绑； 4. 配电室及时上锁； 5. 电机接线盒、风翅、风罩齐全、无破损； 6. 电气保护接地齐全、规范； 7. 室外电气控制箱、操作箱箱体完好，箱内元器件齐全、无破损、无积尘、及时上锁； 8. 室外照明灯具完好	查现场。不符合要求1处扣0.2分
机械部分	
1. 制动性能良好，制动部件完好； 2. 钢丝绳磨损和断丝不超限，滑轮无裂痕，紧固端无松动； 3. 减速器通气孔干净、畅通，减速器油位、油质合格； 4. 润滑部件完好、齐全； 5. 防倾翻安全钩间隙不超限； 6. 履带张紧适度，履带板无断裂； 7. 夹轨器状态正常； 8. 钢结构无开焊、变形、断裂现象，防腐有效，各部连接螺栓紧固齐全； 9. 胶带机驱动滚筒及改向滚筒包胶磨损不超限； 10. 胶带损伤、磨损不超限； 11. 清扫器齐全、有效； 12. 各转动部位防护罩、防护网齐全、有效； 13. 消防设施齐全、有效； 14. 驾驶室完好，空调完好	查现场。不符合要求1处扣0.2分

续表

4.2.6　机电	
基 本 要 求	评 分 方 法
七、排土机	
电气部分	
1. 各种安全保护装置齐全有效； 2. 机上固定电缆理顺、捆绑、入槽或挂钩固定、布置整齐，接线规范、无裸露接头； 3. 电器柜内无积尘，电气元器件齐全、无破损、标识明确，柜内布线整齐，按规定捆绑； 4. 配电室及时上锁； **5. 电动机完好；** 6. 电气保护接地齐全、规范； 7. 室外电气控制箱、操作箱箱体完好，箱内元器件齐全、无破损、无积尘、及时上锁； 8. 室外照明灯具完好	查现场。不符合要求 1 处扣 **0.3 分**
机械部分	
1. 制动部件完好，制动性能良好； 2. 钢丝绳磨损和断丝不超限，滑轮无裂痕，紧固端无松动； 3. 减速器通气孔干净、畅通，减速器油位、油质合格； 4. 润滑部件完好、齐全； 5. 防倾翻安全钩间隙不超限； 6. 履带张紧适度，履带板无断裂； 7. 夹轨器状态正常； 8. 钢结构无开焊、变形、断裂现象，防腐有效，各部连接螺栓紧固齐全； 9. 带式输送机驱动滚筒及改向滚筒包胶磨损不超限； 10. 胶带损伤、磨损不超限； 11. 清扫器齐全、有效； 12. 各转动部位防护罩、防护网齐全、有效； 13. 消防设施齐全、有效； 14. 驾驶室、空调完好	查现场。不符合要求 1 处扣 **0.3 分**

续表

露天煤矿机电	
基 本 要 求	评 分 方 法
带式输送机	
电气部分	
1. 各种安全保护装置齐全有效，带式输送机检修时使用检修开关并上锁，启动预警时间不少于20 s； 2. 机上固定电缆理顺、捆绑、入槽或挂钩固定、布置整齐，接线规范，无裸露接头； 3. 电器柜内无积尘，电气元器件齐全、无破损、标识明确，柜内布线整齐，按规定捆绑； 4. 配电室及时上锁； 5. 电机接线盒、风翅、风罩齐全、无破损； 6. 电气保护接地齐全、规范； 7. 室外电气控制箱、操作箱箱体完好，箱内元器件齐全、无破损、无积尘、及时上锁	查现场。不符合要求1处扣0.2分
机械部分	
1. 制动性能良好，制动部件完好； 2. 钢丝绳磨损和断丝不超限，滑轮无裂痕，紧固端无松动； 3. 减速器通气孔干净、畅通，减速器油位、油质合格； 4. 钢结构无开焊、变形、断裂现象，防腐有效，各部连接螺栓紧固齐全； 5. 受料槽圆钢、母板、耐磨板等各部位焊接牢固，磨损不过限，不伤及母板，挡料胶条夹板无变形，部件无损坏或不全，防冲击装置使用完好； 6. 托辊组部件完好； 7. 胶带损伤、磨损不超限； 8. 清扫器齐全有效； 9. 驱动滚筒及改向滚筒包胶磨损不超限； 10. 分流站伸缩头行走机构部件处于完好状态； 11. 各转动部位防护罩、防护网齐全、有效； 12. 消防设施齐全有效	查现场。不符合要求1处扣0.2分

续表

4.2.6 机电	
基 本 要 求	评 分 方 法
八、带式输送机	
电气部分	
1. 各种安全保护装置齐全有效，带式输送机检修时使用检修开关并上锁，启动预警时间不少于 20 s； 2. 机上固定电缆理顺、捆绑、入槽或挂钩固定、布置整齐，接线规范，无裸露接头； 3. 电器柜内无积尘，电气元器件齐全、无破损、标识明确，柜内布线整齐，按规定捆绑； 4. 配电室及时上锁； **5. 电动机完好；** 6. 电气保护接地齐全、规范； 7. 室外电气控制箱、操作箱箱体完好，箱内元器件齐全、无破损、无积尘、及时上锁	查现场。不符合要求 1 处扣 **0.3 分**
机械部分	
1. 制动部件完好，制动性能良好； 2. 钢丝绳磨损和断丝不超限，滑轮无裂痕，紧固端无松动； 3. 减速器通气孔干净、畅通，减速器油位、油质合格； 4. 钢结构无开焊、变形、断裂现象，防腐有效，各部连接螺栓紧固齐全； 5. 受料槽圆钢、母板、耐磨板等各部位焊接牢固，磨损不过限，不伤及母板，挡料胶条夹板无变形，部件无损坏或不全，防冲击装置使用完好； 6. 托辊组部件完好； 7. 胶带损伤、磨损不超限； 8. 清扫器齐全有效； 9. 驱动滚筒及改向滚筒包胶磨损不超限； 10. 分流站伸缩头行走机构部件处于完好状态； 11. 各转动部位防护罩、防护网齐全、有效； 12. 消防设施齐全有效	查现场。不符合要求 1 处扣 **0.3 分**

续表

<table>
<tr><th colspan="2">露天煤矿机电</th></tr>
<tr><th>基本要求</th><th>评分方法</th></tr>
<tr><td colspan="2">破碎站</td></tr>
<tr><td colspan="2">电气部分</td></tr>
<tr><td>1. 各种安全保护装置齐全有效；
2. 机上固定电缆理顺、捆绑、入槽或挂钩固定、布置整齐，接线规范、无裸露接头；
3. 电器柜内无积尘，电气元器件齐全、无破损、标识明确，柜内布线整齐，按规定捆绑；
4. 配电室上锁；
5. 电机接线盒、风翅、风罩齐全、无破损；
6. 电气保护接地齐全规范；
7. 室外电气控制箱、操作箱箱体完好，箱内元器件齐全、无破损、无积尘、上锁；
8. 室外照明灯具完好</td><td>查现场。1 处不符合要求扣 0.2 分</td></tr>
<tr><td colspan="2">机械部分</td></tr>
<tr><td>1. 制动性能良好，制动部件完好；
2. 减速器通气孔干净、畅通，减速器油位、油质合格；
3. 钢结构无开焊、变形、断裂现象，防腐有效，各部连接螺栓紧固齐全；
4. 板式给料机链节、驱动轮磨损不过限，给料机链板不变形；
5. 破碎辊的破碎齿、边齿磨损不过限、不松动；
6. 受料槽圆钢、母板、耐磨板等各部位焊接牢固，磨损不过限，不伤及母板，挡料胶条夹板无变形，部件无损坏或不全，防冲击装置使用完好；
7. 胶带损伤、磨损不超限；
8. 驱动滚筒及改向滚筒包胶磨损不超限；
9. 各转动部位防护罩、防护网齐全有效；
10. 消防设施齐全有效；
11. 操作室完好，空调完好</td><td>查现场。不符合要求 1 处扣 0.2 分</td></tr>
</table>

续表

4.2.6 机电	
基本要求	评分方法
九、破碎站	
电气部分	
1. 各种安全保护装置齐全有效； 2. 机上固定电缆理顺、捆绑、入槽或挂钩固定、布置整齐，接线规范、无裸露接头； 3. 电器柜内无积尘，电气元器件齐全、无破损、标识明确，柜内布线整齐，按规定捆绑； 4. 配电室上锁； **5. 电动机完好；** 6. 电气保护接地齐全规范； 7. 室外电气控制箱、操作箱箱体完好，箱内元器件齐全、无破损、无积尘、及时上锁； 8. 室外照明灯具完好	查现场。不符合要求1处扣**0.3分**
机械部分	
1. 制动部件完好，制动性能良好； 2. 减速器通气孔干净、畅通，减速器油位、油质合格； 3. 钢结构无开焊、变形、断裂现象，防腐有效，各部连接螺栓紧固齐全； 4. 板式给料机链节、驱动轮磨损不过限，给料机链板不变形； 5. 破碎辊的破碎齿、边齿磨损不过限、不松动； 6. 受料槽圆钢、母板、耐磨板等各部位焊接牢固，磨损不过限，不伤及母板，挡料胶条夹板无变形，部件无损坏或不全，防冲击装置使用完好； 7. 胶带损伤、磨损不超限； 8. 驱动滚筒及改向滚筒包胶磨损不超限； 9. 各转动部位防护罩、防护网齐全有效； 10. **驾驶室**完好，空调完好	查现场。不符合要求1处扣**0.3分**

续表

露天煤矿机电	
基本要求	评分方法
六、电机车（单斗—铁路工艺）	
设施要求	
1. 正旁弓子无裂纹、无折损，编组铜线烧损和折损率不大于15%，气筒不跑气； 2. 车棚盖不漏雨，避雷器完好，探照灯射程达80 m以上，主隔离开关无烧损，接触面积达75%以上； 3. 主电阻室连接铜带无松弛和烧损，导线片间距离不小于原有的66%； 4. 高压室的导线绝缘无腐蚀老化，接线头无烧损、脱焊，连锁装置正常； 5. 蓄电池箱底无腐蚀，滑道无破损，零件完整； 6. 机械室内辅助电机的保护网完整、轴承不漏油、动作可靠； 7. 台车、联结器、轮轴、牵引电动机各零件紧固、无缺失，润滑良好	查现场。不符合要求1处扣0.5分
辅助设施	
1. 驾驶室完好，室内仪表齐全、完整、灵活，电热器完好，操作开关齐全完整、动作灵活； 2. 消防设施齐全有效	查现场。不符合要求1处扣0.5分
机车自翻车	
1. 各机件齐全完好、无松动、不漏油，磨损符合要求，制动灵活； 2. 转动装置、台车连接处润滑良好、不缺油	查现场。不符合要求1处扣0.5分
七、辅助机械设备	
电气部分	
1. 工作照明、各部仪表、蜂鸣器工作正常； 2. 控制装置、监控面板、报警装置工作正常，接线柱螺栓、各种保险开关不缺失； 3. 各种电线、电缆连接可靠，绑扎固定良好；各部插头联接紧固； 4. 发电机皮带、风扇皮带等运转正常，张紧度符合要求、无超限磨损； 5. 电瓶搭线连接良好，无闪络（火花）痕迹，可维护电瓶电解液液位满足使用要求	查现场。不符合要求1处扣0.5分

续表

4.2.6 机电	
基 本 要 求	评 分 方 法
十、电机车	
设施要求	
1. 正旁弓子无裂纹、无折损，编组铜线烧损和折损率不大于 15%，气筒不跑气； 2. 车棚盖不漏雨，避雷器完好，探照灯射程达 80 m 以上，主隔离开关无烧损，接触面积达 75% 以上； 3. 主电阻室连接铜带无松弛和烧损，导线片间距离不小于原有的 66%； 4. 高压室的导线绝缘无腐蚀老化，接线头无烧损、脱焊，连锁装置正常； 5. 蓄电池箱底无腐蚀，滑道无破损，零件完整； 6. 机械室内辅助电机的保护网完整、轴承不漏油、动作可靠； 7. 台车、联结器、轮轴、牵引电动机各零件紧固、无缺失，润滑良好	查现场。不符合要求 1 处扣 **0.3 分**
辅助设施	
1. 驾驶室完好，室内仪表齐全、完整、灵活，电热器完好，操作开关齐全完整、动作灵活； 2. 消防设施齐全有效	查现场。不符合要求 1 处扣 **0.3 分**
机车自翻车	
1. 各机件齐全完好、无松动、不漏油，磨损符合要求，制动灵活； 2. 转动装置、台车连接处润滑良好、不缺油	查现场。不符合要求 1 处扣 **0.3 分**
十一、辅助机械设备	
电气部分	
1. 照明、仪表、蜂鸣器工作正常； 2. 控制装置、监控面板、报警装置工作正常； 3. 各种电线、电缆连接可靠，绑扎固定良好；各部插头连接紧固； 4. 发电机皮带、风扇皮带等运转正常，张紧度符合要求、无超限磨损； 5. 电瓶搭线连接良好，无放电痕迹，可维护电瓶电解液液位满足使用要求	查现场。不符合要求 1 处扣 **0.3 分**

续表

露天煤矿机电	
基 本 要 求	评 分 方 法
机械部分	
1. 发动机冷却液温度正常，系统工作良好； 2. 发动机怠速声均匀无杂音、排烟正常； 3. 涡轮增压器歧管联接正常,无裂痕,固定牢固； 4. 排烟管、消音器无裂纹； 5. 机油、液压油、齿轮油油位、油质、温度、密封正常； 6. 制动装置部件齐全完好，制动性能可靠； 7. 传动装置工作正常，无漏油现象，各部分润滑良好； 8. 液压元件工作正常，液压回路密封良好，无漏油现象，液压传动系统工作安全可靠； 9. 钢结构件无开焊、变形或断裂现象，侧机架无漏油现象，铲刀、铲角、斗齿等磨损程度符合要求	查现场。不符合要求 1 处扣 0.5 分
辅助设施	
1. 驾驶室完好，室内仪表、电器、操作开关完好，安全装置工作可靠； 2. 消防设施齐全有效	查现场。不符合要求 1 处扣 0.5 分
八、供电管理	
技术管理	
1. 供电设备设施档案齐全，有设备台账； 2. 有全矿供电系统图； 3. 有巡视制度，设备设施检修和运行记录完整翔实	查资料。无档案、台账、图纸或制度不得分；不齐全完整缺 1 项扣 0.5 分
断路器和互感器	
1. 油位正常； 2. 本体及高压套管无渗漏	查现场。不符合要求 1 处扣 0.5 分
开关柜	
1. 内设断路器或负荷开关完好； 2. 内设电压、电流互感器完好； 3. 母线支撑瓶无损，连接螺栓无松动； 4. 开关柜柜体及各种保护完好、上锁	查现场。不符合要求 1 处扣 1 分

续表

4.2.6 机电	
基 本 要 求	评 分 方 法
机械部分	
1. 发动机冷却液温度正常，系统工作良好，怠速声均匀无杂音、排烟管、消音器无裂纹； 2. 涡轮增压器歧管连接正常，无裂痕，固定牢固； 3. 机油、液压油、齿轮油等油位、油质、温度、密封正常； 4. 制动装置部件齐全完好，制动性能可靠； 5. 传动装置工作正常，无漏油现象，各部分润滑良好； 6. 液压元件工作正常，液压回路密封良好，无漏油现象，液压传动系统工作安全可靠； 7. 钢结构件无开焊、变形或断裂现象，侧机架无漏油现象，铲刀、铲角、斗齿等磨损程度符合要求	查现场。不符合要求 1 处扣 **0.3 分**
辅助部分	
驾驶室完好，室内仪表、电器、操作开关完好，安全装置工作可靠	查现场。不符合要求 1 处扣 **0.3 分**
十二、供电管理	
技术管理	
1. 供电设备设施档案齐全； 2. 有设备台账； 3. 有全矿供电系统图并与现场一致； 4. 有巡视检查制度； 5. 设备设施检修和运行记录详实	查资料。无档案、台账、图纸、制度不得分；**其他不符合要求 1 处扣 0.5 分**
断路器和互感器	
1. 油位正常； 2. 本体及高压套管无渗漏	查现场。不符合要求 1 处扣 **0.2 分**
开关柜	
1. 断路器、负荷开关完好； 2. 电压、电流互感器完好； 3. 母线支撑瓶无损，连接螺栓无松动； 4. 开关柜柜体及各种保护完好、上锁； **5. 开关柜运行状态指示灯完好；** **6. 隔离开关与断路器闭锁可靠**	查现场。不符合要求 1 处扣 **0.2 分**

续表

露天煤矿机电	
基 本 要 求	评 分 方 法
变电站	
1. 采场变电站有围栏和警示牌，箱体保护接地完好，上锁； 2. 站内设备统一编号、有负荷名称、有停送电标识； 3. 供电监控系统完好； 4. 隔离开关、引线、设备卡无发热、放电现象； 5. 巡查记录齐全	查现场和资料。不符合要求1处扣0.5分
电力电缆防护区	
1. 电力电缆防护区（两侧各0.75 m）内不堆放垃圾、矿渣、易燃易爆及有害的化学物品； 2. 电缆线路标识符合GB 50168； 3. 电缆接头及接线方式和工艺符合要求； 4. 各种电缆按规定敷设（吊挂、电缆沟道、直埋）	查现场。不符合要求1处扣0.5分
配电室	
1. 配电室不渗、漏水，内、外墙皮完好，挡鼠板、防护网齐全并符合要求，上锁，非工作人员进入要登记； 2. 配电室外有“禁止攀登、高压危险”“配电重地、闲人免进”等警示标示； 3. 周围无杂草、柴垛等易燃物； 4. 配电室内电缆沟使用合格盖板，出口封堵完好； 5. 按规定安装无功补偿装置	查现场。不符合要求1处扣0.5分

续表

4.2.6 机电	
基 本 要 求	评 分 方 法
变电站	
1. 采场变电站有围栏和警示牌，箱体上锁，保护接地完好，**各项继电保护有效可靠；** 2. 站内设备统一编号、有负荷名称、有停送电标识； 3. 供电监控系统完好； 4. 隔离开关、引线、**线夹、卡具无过热、**放电现象； 5. 巡查记录齐全； **6. 变压器运行稳定，无渗漏和过负荷现象；** **7. 配备检测和绝缘用具；** **8. 移动变电站进线户外主隔离开关上锁**	查现场和资料。不符合要求 1 处扣 **0.2 分**
电力线路	
1. 电力电缆防护区（两侧各 0.75 m）内不堆放垃圾、矿渣、易燃易爆及有害的化学物品； 2. 电缆线路标识符合 GB 50168； 3. 电缆接头及接线方式和工艺符合要求； 4. 各种电缆按规定敷设（吊挂、电缆沟道、直埋）； **5. 架空线下不得停放矿用设备和堆放物料；** **6. 跨台阶敷设电缆避开伞檐、浮石、裂缝区域**	查现场。不符合规定 1 处扣 **0.2 分**
配电室	
1. 配电室不渗、漏水，内、外墙皮完好，挡鼠板、防护网齐全并符合要求，**配电室**上锁，非工作人员进入要登记； 2. 配电室外有“禁止攀登、高压危险”及“配电重地、闲人免进”等警示标识； 3. 周围无杂草、柴垛等易燃物； 4. 配电室内电缆沟使用合格盖板，出口封堵完好； 5. 按规定安装无功补偿装置	查现场。不符合规定 1 处扣 **0.2 分**

续表

露天煤矿机电	
基本要求	评分方法
变压器	
1. 柱上安装的变压器，底座距地面不小于 2.5 m； 2. 露天安装的变压器悬挂“禁止攀登、高压危险”的标示牌； 3. 横梁、电缆套管等使用镀锌件； 4. 线路杆号、名称、色标及柱上开关（包括电缆分线箱、环网柜名称和编号）正确清楚，电缆牌齐全并与实际相符； 5. 高、低压同杆架设，横担间最小垂直距离：直线杆 1.2 m，分支和转角杆 1.0 m； 6. 柱上开关、配电台架、10 kV 电缆线路（超过 50 m 的两端）安装避雷器，避雷器按要求定期试验； 7. 配电设备的接地线使用直径不小于 16 mm 的圆钢或截面积不小于 100 mm^2 的接地体，接地电阻符合要求； 8. 表计无损坏，安装规范、牢固、无歪斜，表尾用供电所专用钳封印； 9. 带风扇通风冷却的变压器能自动或手动投入运行	查现场和资料。不符合要求 1 处扣 0.5 分
疏干排水	

续表

<table>
<tr><td colspan="2">4.2.6 机电</td></tr>
<tr><td>基本要求</td><td>评分方法</td></tr>
<tr><td colspan="2">变压器</td></tr>
<tr><td>1. 柱上安装的变压器，底座距地面不小于 2.5 m；
2. 露天安装的变压器悬挂“禁止攀登、高压危险”的标示牌；
3. 横梁、电缆套管等使用镀锌件；
4. 线路杆号、名称、色标及柱上开关（包括电缆分线箱、环网柜名称和编号）正确清楚，电缆牌齐全并与实际相符；
5. 高、低压同杆架设的横担间距符合规定；
6. 柱上开关、配电台架、10 kV 电缆线路安装避雷器，避雷器按要求定期试验；
7. 配电设备的接地线、接地电阻符合要求；
8. 表计无损坏，安装规范、牢固、无歪斜，表尾用专用计量铅封封印；
9. 风冷变压器能自动或手动投入运行；
10. 变压器高低压绝缘套管、分接开关等部位无油污、无渗漏</td><td>查现场和资料。不符合规定 1 处扣 0.2 分</td></tr>
<tr><td colspan="2">4.2.7 防治水</td></tr>
</table>

一、工作要求

1. 技术管理。建立并落实水害防治相关制度，有相关图纸，编制规划计划，查明水文地质条件。

2. 防排水。排水沟渠等设备设施状态完好，能力满足设计要求，配电设施布置合理；现场有安全防护措施，排水设备运行良好，排水沟渠、疏干巷道排水通畅，管道、闸阀等无漏水现象。因地下水位升高，威胁安全生产时制定治理措施，涌水台阶采取相应疏干排水措施，排水设备设施满足设计要求。

3. 疏干。地层含水影响采矿工程正常进行时，应当进行疏干，建立疏干集中控制系统，主机运行状态、分站通信状况良好，采集系统无异常，数据准确，远程启停指令可靠。

4. 文明生产。作业场所干净整洁，物品摆放规整。

二、评分方法

1. 存在重大事故隐患的，本部分不得分。

2. 按表 4.2.7 设立分值和要素评分，总分为 100 分。按照所检查存在的问题进行扣分，缺项不得分，各小项分数扣完为止。

3. “项目内容”缺项时，按式（1）进行计算：

$$A=\frac{100}{100-B}\times C \tag{1}$$

式中 A——防治水部分实得分数；

B——缺项标准分值；

C——防治水部分检查得分数。

续表

疏干排水	
基 本 要 求	评 分 方 法
一、技术管理	
管理制度	
建立健全水害防治技术管理制度、水害预测预报制度、水害隐患排查治理制度、重大水患停产撤人制度以及应急处置制度等	查资料。缺1项制度扣2分
技术资料	
有下列资料： 1. 综合水文地质图； 2. 综合水文地质柱状图； 3. 疏干排水系统平面图； 4. 矿区地下水等水位线图； 5. 疏干巷道竣工资料； 6. 疏干巷道井上下对照图	查资料。图纸、资料缺1种扣5分；图纸、资料信息不全1处扣2分
规划计划	
有防治水中长期规划、年度排水计划及措施，并组织实施	查现场和资料。无规划、计划及措施或未组织实施不得分
水文地质	
查明地下水来水方向、渗透系数等；受地下水影响较大和已经进行疏干排水工程的边坡，进行地下水位、水压及涌水量观测并有记录，分析地下水对边坡稳定的影响程度及疏干效果，制定地下水治理措施	查资料。未查明、无记录、无措施不得分，记录不全1处扣2分
二、疏干排水系统	
设备设施、地面排水	
1. 地面排水沟渠、储水池、防洪泵、防洪管路等设施完备，排水能力满足要求； 2. 地下水疏干水泵、管道和运行控制等设备完好，满足疏干设计； 3. 疏干巷道排水设备满足巷道涌水量要求	查现场和资料。不符合要求1处扣5分

续表

4.2.7　防治水	
基本要求	评分方法
一、技术管理	
管理制度	
建立**并落实以下制度：** 1. 水害防治技术管理制度； 2. 水害预测预报制度； 3. 重大水患停产撤人制度	查资料。制度缺 1 项扣 2 分；**制度内容不符合要求或未落实 1 处扣 0.5 分**
技术资料	
有下列**图纸及**资料： 1. 综合水文地质图； 2. 综合水文地质柱状图； **3.** 防排水系统平面图； **需要疏干的露天矿应有矿区地下水等水位线图，有疏干巷道的还应有疏干巷道井上下对照图、疏干巷道竣工资料**	查资料。图纸缺 1 种**扣 2 分，资料缺 1 项扣 1 分，**图纸、资料信息不符合要求 1 处扣 **0.5** 分，**每类图纸最高 2 分**
规划计划	
有防治水中长期规划、年度计划，并组织实施	查现场和资料。无规划、计划或未组织实施不得分，**落实不到位 1 处扣 1 分**
水文地质	
查明地下水**补给**方向、渗透系数等，受地下水影响较大和已进行疏干排水工程的边坡，进行地下水位及涌水量的观测并有记录，分析地下水对边坡稳定的影响程度及疏干效果，制定地下水治理措施**并执行**	查资料。未查明、无记录、无措施、**未执行**不得分，**措施执行不到位 1 处扣 1 分，记录不全 1 处扣 0.5 分**
二、防排水	
现场管理	
地面排水沟渠、**集水坑**等设施完备，排水、**储**水能力满足要求	查现场和资料。**能力不足不得分，排水沟渠淤堵 1 处扣 1 分**

续表

疏干排水	
基 本 要 求	评 分 方 法
1. 用露天采场深部做储水池排水时，有安全措施，备用水泵的能力不小于工作水泵能力的50%； 2. 采场内的主排水泵站设置备用电源，当供电线路发生故障时，备用电源能担负最大排水负荷； 3. 排水泵电源控制柜设置在储水池上部台阶，加高基础，远离低洼处，避免洪水淹没和冲刷； 4. 储水池周围设置挡墙或护栏，检修平台符合GB 4053.3，上下梯子符合GB 4053.1～4053.2； 5. 矿区外地表水对采场有影响时，有阻隔治理措施	查现场和资料。第1或第2项不符合要求不得分，其他不符合要求1处扣2分

续表

4.2.7 防治水	
基本要求	评分方法
用露天采场**底部做集水坑**排水时，有安全措施，**备用水泵处于完好状态**，能力不小于工作水泵能力的50%，**有定期性能检测记录**	**查现场和资料。无措施不得分，备用设备故障1台扣5分，无性能检测记录1台设备扣2分**
采场内的主排水泵站设置备用电源**或双回线路**，当供电线路发生故障时，备用电源能担负最大排水负荷	**查现场和资料。未设置备用电源或双回线路不得分，备用电源负荷不足1处扣3分**
采场深部排水泵电源控制柜设置在**集水坑**上部台阶，远离低洼处，避免洪水淹没和冲刷	**查现场。电源控制柜设置不合理1处扣2分，其他不符合要求1处扣0.5分**
集水坑周围设置挡墙或护栏**等防护措施**，检修平台、上下梯子符合 GB 4053 要求	**查现场。未防护不得分，防护措施不连续1处扣2分**
现场有配电系统图、水泵操作流程图；检查、巡视疏干排水系统，并有记录	**查现场和资料。图纸缺少1种扣2分，图纸信息不全1处扣1分，记录不全1处扣1分**

续表

疏干排水	
基本要求	评分方法
二、疏干排水系统	
地下水疏干、疏干集中控制系统、现场管理	
1. 疏干或帷幕注浆截流工程应超前于采矿工程; 2. 有涌水点的采剥台阶，设置相应的疏干排水设施; 3. 因地下水位升高，可能造成排土场或采场滑坡的，应进行地下水疏干或采取有效措施进行治理; 4. 疏干管路应根据需要配置控制阀、逆止阀、泄水阀、放气阀等装置,管路及阀门无漏水现象; 5. 疏干井地下（半地下）泵房应设通风装置; 6. 免维护疏干巷道有防火措施、排水通畅; 7. 严寒地区疏干排水系统有防冻措施	查现场和资料。不符合要求 1 处扣 2 分
1. 疏干或帷幕注浆截流工程应超前于采矿工程; 2. 有涌水点的采剥台阶，设置相应的疏干排水设施; 3. 因地下水位升高，可能造成排土场或采场滑坡的，应进行地下水疏干或采取有效措施进行治理; 4. 疏干管路应根据需要配置控制阀、逆止阀、泄水阀、放气阀等装置，管路及阀门无漏水现象; 5. 疏干井地下（半地下）泵房应设通风装置; 6. 免维护疏干巷道有防火措施、排水通畅; 7. 严寒地区疏干排水系统有防冻措施	查现场和资料。不符合要求 1 处扣 2 分

续表

4.2.7　防治水	
基 本 要 求	评 分 方 法
三、疏干	
设备设施	
1. 疏干或帷幕注浆截流工程应超前于采矿工程； **2. 疏干巷道设施完好，运行正常，有运行记录；维护疏干巷道时，有防火通风措施**，免维护巷道有防火措施、排水通畅	查现场和资料。**治理工程未超前于采矿工程、疏干巷道运行不正常、无措施不得分；其他不符合要求 1 处扣 1 分**
疏干井地下（半地下）泵房应设置通风装置，**进入前进行通风，监测气体合格后方可进入；疏干井外围疏干井现场设检修通道**	查现场。**无装置不得分，未设置检修平台、通道 1 处扣 2 分，其他不符合要求 1 处扣 1 分**

续表

疏干排水	
基 本 要 求	评 分 方 法
1. 主机运行状态良好； 2. 分站通信状况良好； 3. 主站采集的电流、电压、温度等数据准确，采集系统无异常或缺陷； 4. 远程启动、停止、复位指令可靠； 5. 停泵、通信异常报警正常； 6. 有完好的集控备用系统和备用电源	查现场和资料。不符合要求1处扣2分
1. 在矿床疏干漏斗范围内，地面出现裂缝、塌陷，圈定范围加以防护，设置警示标识，制定安全措施； 2.（半）地下疏干泵房应当设通风装置，进入前进行通风，检测气体合格后方可进入； 3. 现场备用排水泵处于完好状态，有定期性能检测记录； 4. 现场有配电系统图、水泵操作流程图； 5. 检查疏干排水系统，有记录； 6. 地埋管路堤坝应进行整形处理，疏干井、明排水泵周围设检修平台，外围疏干现场设检修通道； 7. 疏干巷道运行设施完好，有运行记录； 8. 维护疏干巷道时，有防火、通风措施； 9. 疏干巷道符合《煤矿地质规程》	查现场和资料。不符合要求1处扣5分

续表

4.2.7　防治水	
基 本 要 求	评 分 方 法
集中控制系统要求： 1. 主机运行状态良好； 2. 分站通信状况良好； 3. 主站采集的电流、电压等数据准确，采集系统无异常或缺陷； 4. 远程启动、停止、复位指令可靠； 5. 停泵、通信异常报警正常； 6. 有完好的集控备用系统和备用电源	查现场。**主机运行异常不得分，分站通信、停泵报警、远程控制、采集系统等异常 1 处扣 1 分；采集数据不准确 1 处扣 1 分；其他不符合要求 1 处扣 0.5 分**
在矿床疏干漏斗范围内，地面出现裂缝、塌陷，圈定范围加以防护，设置警示标识，制定安全措施并落实	**查现场和资料。无措施、未防护、无警示标识不得分，安全措施落实不到位 1 处扣 2 分**

续表

疏干排水	
基 本 要 求	评 分 方 法
1. 疏干或帷幕注浆截流工程应超前于采矿工程； 2. 有涌水点的采剥台阶，设置相应的疏干排水设施； 3. 因地下水位升高，可能造成排土场或采场滑坡的，应进行地下水疏干或采取有效措施进行治理； 4. 疏干管路应根据需要配置控制阀、逆止阀、泄水阀、放气阀等装置，管路及阀门无漏水现象； 5. 疏干井地下（半地下）泵房应设通风装置； 6. 免维护疏干巷道有防火措施、排水通畅； 7. 严寒地区疏干排水系统有防冻措施	查现场和资料。不符合要求 1 处扣 2 分
四、文明生产	
作业环境	
1. 疏干泵房及周围干净整洁无杂物，物品摆放规整； 2. 各种标识牌齐全完整； 3. 各种记录页面整洁	查现场和资料。不符合要求 1 项扣 1 分

续表

4.2.7　防治水	
基本要求	评分方法
严寒地区疏干系统有防冻措施；疏干、排水管路应根据需要配置控制阀、逆止阀、泄水阀、放气阀等装置，管路及阀门无漏水现象	查现场。无措施不得分，管路漏水、各类闸阀损坏1处扣1分
四、文明生产	
作业环境	
1. 泵房及周围干净整洁无杂物，物品摆放规整； 2. 各种标识牌齐全完整	查现场。不符合要求1处扣1分

8.8 调度和应急管理

一、工作要求（风险管控）

1. 调度基础工作

（1）按规定建立健全调度工作管理制度；

（2）调度工作各项技术支撑完备；

（3）岗位人员具备相关技能并规范作业。

2. 调度管理

（1）掌握生产动态，协调落实生产计划，及时协调解决安全生产中的问题；

（2）出现险情或发生事故时，调度员有停止作业、撤出人员授权，按程序及时启动事故应急救援预案，跟踪现场处置情况并做好记录；

（3）汇报及时准确，内容、范围符合程序要求；

（4）调度台账齐全，记录及时、准确、全面、规范。

3. 调度信息化

（1）装备有线或无线（露天煤矿）调度通信系统；

（2）装备安全监控系统、井下人员位置监测系统、露天煤矿车辆定位系统，可实时调取相关数据；

（3）引导建立安全生产信息管理系统，安装图像监视系统。

4. 职工素质及岗位规范

（1）调度人员熟悉煤矿井下各大生产系统等主要情况，掌握生产作业计划、生产过程中的动态变化，协调组织生产，具备应急处置能力，持证上岗；

（2）严格执行岗位安全生产责任制，无“三违”行为。

5. 应急管理

（1）落实煤矿应急管理主体责任，主要负责人是应急管理和事故应急救援的第一责任人；明确应急管理的分管负责人和主管部门；

（2）建立健全应急管理和应急救援制度，明确岗位职责；

（3）应急管理和应急救援资源有保障；

（4）组建应急救援队伍或有应急救援队伍为其服务；

（5）编制生产安全事故应急救援预案及年度灾害预防和处理计划，按照规划和计划组织应急救援预案演练，组织实施灾害预防和处理计划。

4.3 调度应急和“三堂一舍”

一、工作要求

1. 调度管理。建立健全调度工作管理制度；**掌握现场安全生产情况，组织协调有力，原始记录详实，通信设施完好，按规定进行信息报告和处置。**

2. 应急管理。建立健全应急管理制度；**配备满足需要的应急救援物资和装备，按规定编制应急救援预案并组织演练，与矿山救护队维系服务。**

3. “三堂一舍”。设施完备，职工食堂、澡堂、会堂及宿舍满足职工工作生活需要。

续表

<table>
<tr><th colspan="2">8.8 调度和应急管理</th></tr>
<tr><td colspan="2">二、评分方法
1. 按表8.8-1评分，总分为100分。按照所检查存在的问题进行扣分，各小项分数扣完为止。
2. 项目内容中缺项时，按式（1）进行折算：
$$A = \frac{100}{100 - B} \times C \quad (1)$$
式中 A——实得分数；
B——缺项标准分数；
C——检查得分数。</td></tr>
<tr><td>基本要求</td><td>评分方法</td></tr>
<tr><td colspan="2">一、调度基础工作</td></tr>
<tr><td colspan="2">管理制度</td></tr>
<tr><td>制定并严格执行调度值班制度、调度会议制度、交接班制度、汇报制度、信息汇总分析制度、调度人员入井（坑）制度、业务学习制度、事故和突发事件信息报告与处理制度、文档管理制度</td><td>查现场和资料。缺1项制度扣1分；制度内容不全或未执行，每处扣0.5分</td></tr>
<tr><td>调度室每天24 h专人值守，每班工作人员满足调度工作要求</td><td>查现场。人员配备不足或无值守人员不得分</td></tr>
<tr><td>备有《煤矿安全规程》规定的图纸、事故报告程序图(表)、矿领导值班、带班安排与统计表、生产计划表、重点工程进度图（表）、矿井灾害预防和处理计划、事故应急救援预案，图（表）保持最新版本，矿井灾害预防和处理计划按照年度编制并保持最新，应急救援预案按照国家应急救援预案管理的相关法规、标准实施及时修订</td><td>查资料。无灾害预防和处理计划、事故应急救援预案不得分；缺1种图扣1分，未及时更新1处扣0.5分</td></tr>
<tr><td>按规定深入现场，了解安全生产情况</td><td>查资料。缺1人次扣1分</td></tr>
</table>

续表

4.3　调度应急和“三堂一舍”	
二、评分方法 **1. 存在重大事故隐患的，本部分不得分。** **2.** 按表 **4.3** 评分，总分为 100 分。按照所检查问题进行扣分，各小项分数扣完为止。	
基 本 要 求	评 分 方 法
一、调度管理	
基础管理	
制定并执行调度**工作管理制度；内容包括调度值班、调度会议、信息报告和处理**	查现场和资料。**无制度不得分；**制度内容不全或不符合实际未执行 1 处扣 0.5 分
调度室每天 24 h 专人值守，每班工作人员满足调度工作要求	查现场。人员配备不足或无值守人员不得分
调度室有灾害预防和处理计划、事故应急救援预案、**采掘（采运排）工程平面图。井工煤矿还应备有井下避灾路线图、通风系统图、人员位置监测系统图；露天煤矿还应有边坡监测系统平面图、月度采矿设计说明书及图纸**	查资料。无灾害预防和处理计划、事故应急救援预案不得分；缺 1 种图扣 1 分，未及时更新 1 处扣 0.5 分
调度人员按规定深入现场，了解安全生产情况	**查现场。现场抽问 2 人，未掌握现场安全生产情况 1 人次扣 1 分**

续表

8.8　调度和应急管理	
基本要求	评分方法
二、调度管理	
组织召开日调度会，对年度、月度生产计划进行跟踪、协调、落实、考核	查资料。日调度会缺1次扣1分，其他不符合要求1处扣0.5分
1. 掌握生产动态，协调落实生产作业计划，按规定处置生产中出现的各种问题，并准确记录； 2. 按规定及时上报安全生产信息，下达安全生产指令并跟踪落实、做好记录	查资料。不符合要求1处扣0.5分
1. 有日调度会会议记录，记录真实、完整，保存时限符合规定	查资料。无记录或记录造假不得分；记录不全，缺1项扣0.5分
三、调度信息化	
2. 有线调度通信系统有选呼、急呼、全呼、强插、强拆、监听、录音功能。调度工作台电话录音保存时间不少于3个月	查现场和资料。不符合要求1处扣0.5分
3. 发生影响生产安全的突发事件，应在规定时间内向矿负责人和有关部门报告	查资料。未按规定报告,1次扣1分
2. 按规定时间和内容要求准确及时上报调度安全生产信息日报表，旬（周）、月调度安全生产信息统计表和矿领导值班带班情况统计表	查资料。无日、旬（周）、月报的不得分；缺1种报表和值班带班统计数据的扣1分；内容不完整，缺1项扣0.5分
1. 跟踪安全监控系统有关参数变化情况，掌握矿井安全生产状态	查现场和资料。不符合要求1处扣0.5分
矿调度室设置图像监视系统的终端显示装置，并实现信息的存储和查询	查现场和资料。调度室无显示装置扣1分，显示装置运行不正常、存储或查询功能不全1处扣0.5分

续表

4.3 调度应急和“三堂一舍”	
基本要求	评分方法
组织协调	
组织召开日调度会，对生产计划进行跟踪、协调、**督促**、落实、考核，**会议记录详实**	查资料。日调度会缺 1 次扣 **2** 分，其他不符合要求 1 处扣 0.5 分
按规定及时上报安全生产信息，下达安全生产指令并跟踪落实	查资料。不符合要求 1 处扣 **1** 分
调度原始记录详实；完整记录当班安全生产情况	查资料。无**原始**记录或**原始记录不实不得分；记录内容不完整、数据不准确 1 处扣 0.5 分**
信息报告和处置	
矿用调度通信符合规定。通信系统有选呼、急呼、全呼、强插、强拆、监听、录音功能。调度工作台电话录音保存时间不少于 3 个月	查现场和资料。不符合要求 1 处扣 0.5 分
受极端天气、滑坡、泥石流等威胁的煤矿应进行预警	**查资料。未进行预警不得分；预警每缺 1 次扣 0.2 分**
出现险情或发生事故时，调度人员及时下达停止作业或撤人指令，按程序启动事故应急救援预案，跟踪现场处置情况并做好记录	**查现场和资料。未按规定处置不得分；未及时处置 1 次扣 1 分，处置情况未完整记录 1 次扣 0.5 分**
按规定**汇总并**上报调度安全生产信息日报表，旬（周）、月调度安全生产信息统计表	查资料。无日、旬（周）、月报的不得分；缺 1 种报表扣 1 分；内容不完整，缺 1 项扣 0.5 分
掌握监测监控系统运行情况，出现监测预（报）警情况，及时核实、处置，并做好记录	查现场和资料。不符合要求 1 处扣 0.5 分
矿调度室设置图像监视系统的终端显示装置，**且运行正常，并对关键环节进行监视，**实现信息的存储和查询	查现场和资料。调度室无显示装置**不得分；不符合要求** 1 处扣 0.5 分
井工煤矿重要工作场所装备的有线调度电话应具备直通功能	**查现场。不符合要求 1 处扣 0.5 分**

续表

8.8 调度和应急管理	
基本要求	评分方法
五、应急管理	
制度建设	
建立健全并严格执行以下制度； 1. 事故监测与预警制度； 2. 应急值守制度； 3. 应急信息报告和传递制度； 4. 应急投入及资源保障制度； 5. 应急救援预案管理制度； 6. 应急演练制度； 7. 应急救援队伍管理制度； 8. 应急物资装备管理制度； 9. 安全避险设施管理和使用制度； 10. 应急资料档案管理制度	查资料。缺1项制度扣1分,制度内容不完善或未执行1处扣0.2分
应急保障	
有固定的应急救援指挥场所 1. 配备应急救援物资、装备或设施，建立台账，按规定储存、维护、保养、更新、定期检查等； 2. 有可靠的信息通信和传递系统，保持最新的内部和外部应急响应通讯录； 3. 配置必需的急救器材和药品；与就近的医疗机构签订急救协议； 4. 建立覆盖本煤矿所有专项应急救援预案相关专业的技术专家库	查现场和资料。不符合要求不得分 查现场和资料。不符合要求1处扣0.5分
1. 煤矿有符合要求的矿山救护队为其服务 2. 井工煤矿上级公司未设立矿山救护队或行车时间超过30 min的，煤矿应设立兼职救护队，并与行车时间30 min以内到达的矿山救护队签订救护协议； 3. 兼职救护队按照《矿山救护规程》的相关规定配备器材和装备，实施军事化管理，器材和装备完好，定期接受专职矿山救护队的业务培训和技术指导，按照计划实施应急施救训练和演练	查现场和资料。应设未设兼职救护队不得分，其他不符合要求1处扣0.5分

续表

4.3 调度应急和“三堂一舍”	
基本要求	评分方法
二、应急管理	
制度建设	
制定并执行应急管理制度：内容涵盖事故预警、应急值守、信息报告、现场处置、应急投入、救援装备和物资储备、安全避险设施管理和使用	查资料。**无制度不得分；内容不全或未执行 1 处扣 1 分**
应急保障	
1. 有固定的应急救援指挥场所，**满足应急指挥需求；** 2. 配备应急救援物资、装备、设施，**齐全完好，并按规定定期检查补充；** 3. 有可靠的信息通信和传递系统，**有**最新的内部和外部应急响应通讯录； 4. 配置必需的急救器材和药品；与就近的医疗机构签订急救协议	查现场和资料。不符合要求 1 处扣 **1 分**
有符合要求的矿山救护队为其服务。**煤矿应设立专职救护队，不具备条件的，应设立兼职救护队，并与邻近的专职救护队签订救护协议，兼职救护队员需经培训合格。矿山救护队到达服务煤矿时间不超过 30 min**	查现场和资料。**兼职救护队员未经培训合格的 1 人次扣 1 分，其他不符合要求不得分**

续表

8.8　调度和应急管理	
基 本 要 求	评 分 方 法
安全避险系统、应急广播系统、个体防护装备、紧急处置权限	
按规定建立完善井下安全避险设施，设置井下避灾路线指示标识。每年由总工程师组织开展安全避险系统有效性评估	查现场和资料。未评估扣1分；标识未设置扣1分；其他不符合要求1处扣0.2分
井下设置应急广播系统，井下人员能够清晰听到应急指令	查现场。未建立系统不得分。1处生产作业地点不能够听到应急指令扣0.2分
按规定配置足量的自救器，入井人员随身携带，并能熟练使用；矿井避灾路线上按需求设置自救器补给站	查现场和资料。自救器的备用量不足10%扣0.5分；入井人员未携带自救器或不会使用1人次扣0.2分；未设置自救器补给站1处扣0.2分
明确授予带（跟）班人员、班组长、安检员、瓦斯检查工、调度人员的遇险处置权和现场作业人员的紧急避险权	查两项权力的授权资料。权力未明确不得分
应急预案	
1. 预案编制与修订： (1) 按照《生产安全事故应急预案管理办法》和年度安全风险辨识评估报告编制应急救援预案，并按《生产安全事故应急条例》规定及时修订； (2) 按规定组织应急救援预案的评审，形成书面评审结果；评审通过的应急救援预案由煤矿主要负责人签署公布，及时发放； (3) 应急救援预案与煤矿所在地政府的生产安全事故应急救援预案相衔接	查资料。未编制预案的"应急预案"项不得分；预案修订不及时不得分；预案有欠缺1处扣0.5分，预案未组织评审不得分，评审证据资料、签署和发放管理环节1处不符合要求扣0.5分，预案发放不及时扣1分，预案未与政府预案相衔接扣0.5分
3. 按照分级属地管理的原则，按规定时限、程序完成应急救援预案上报并进行备案，并依法向社会公布	查资料。未按照规定上报、备案不得分；未及时公布，扣0.5分

续表

4.3 调度应急和“三堂一舍”	
基本要求	评分方法
安全避险	
按规定建立完善井下**压风自救、供水施救等**安全避险设施，设置井下避灾路线指示标识。**安全避险系统应当随采掘工作面的变化及时调整和完善，**每年由总工程师组织开展有效性评估	查现场和资料。**未开展评估不得分；**其他不符合要求 1 处扣 **1** 分
井下设置应急广播系统**并定期测试，**作业人员能够清晰听到应急指令	查现场。未建立系统不得分；**抽查 2 处作业地点，1 处听不到应急指令扣 1 分**
入井人员随身携带额定防护时间不少于 30 min 的隔绝式自救器，并能熟练使用；矿井避灾路线沿线按需要设置自救器补给站	查现场。**不符合要求 1 处扣 1 分**
明确授予带（跟）班人员、班组长、安检员、瓦斯检查工、调度人员的遇险处置权和现场作业人员的紧急避险权	查资料。**授权**未明确不得分
应急预案	
预案编制与修订：按规定编制应急救援预案，并及时修订；按规定组织应急救援预案的评审，形成书面评审结果；评审通过的应急救援预案由煤矿主要负责人签署公布，及时发放	查资料。未编制预案、预案修订不及时、预案未组织评审不得分；**其他不符合要求 1 处扣 1 分**
按分级属地管理的原则，按规定时限、程序完成应急救援预案上报并进行备案	查资料。未按规定上报、备案不得分

续表

8.8　调度和应急管理	
基 本 要 求	评 分 方 法
应急演练	
1. 有应急演练规划、年度计划和演练工作方案，内容符合相关规定	查资料。不符合要求1处扣0.2分
2. 按规定3年内完成所有综合应急救援预案和专项应急救援预案演练，至少每半年组织1次生产安全事故应急救援预案演练	查资料。不符合要求不得分
六、“两堂一舍”	
职工食堂	
1. 基础设施齐全、完好，满足高峰时段职工就餐需要； 2. 符合卫生标准要求，工作人员按要求持健康证明上岗	查现场和资料。不能满足就餐需求不得分；基础设施不齐全扣1分，不符合卫生标准扣3分，未持证上岗的1人扣1分
职工澡堂	
1. 职工澡堂设计合理，满足高峰期升井（坑）职工洗浴要求； 2. 设有更衣室、浴室、厕所，更衣室、浴室有冬季取暖设施，有防滑、防寒、防烫安全设施	查现场。不能满足职工洗浴要求或脏乱的不得分，基础设施不全缺1处扣1分，安全防护设施缺1处扣1分
职工宿舍	
1. 职工宿舍布局合理，人均面积不少于5 m^2； 2. 室内整洁，设施齐全、完好，物品摆放有序； 3. 厕所设置符合《工业企业设计卫生标准》的要求	查记录和现场。职工宿舍面积不满足要求、室内脏乱的不得分，其他不符合要求1处扣1分

续表

4.3 调度应急和“三堂一舍”	
基 本 要 求	评 分 方 法
应急演练	
有应急演练规划、年度演练计划和演练工作方案，内容符合相关规定	查资料。不符合要求 1 处扣 **1** 分
按规定 3 年内完成所有综合应急救援预案和专项应急救援预案演练，至少每半年组织 1 次生产安全事故应急救援预案演练，**并对演练情况进行评估和总结，记录详实，并保存演练影像资料**	查资料。**未按规定组织生产安全事故应急救援预案演练不得分；其他不符**合要求 **1 处扣 1 分**
三、“三堂一舍”	
职工食堂	
基础设施齐全、完好，满足高峰时段职工就餐需要；工作人员持健康证上岗；**为职工提供免费班中餐服务或补助**	查现场和资料。不能满足就餐需求；**随机询问职工，未提供班中餐服务或补助扣 2 分，其他不符合要求 1 处扣 1 分**
职工澡堂	
满足高峰**时段**职工洗浴要求；设有更衣室、浴室、厕所，更衣室**安全设施齐全；澡堂使用电动更衣吊篮时，电动更衣吊篮的设计选型、安装、使用管理、维护保养符合相关规定要求；洗衣房设施齐全，为职工提供衣物清洗、烘干服务**	查现场。不能满足职工洗浴要求不得分；**无洗衣设施扣 2 分，其他不符合要求 1 处扣 1 分**
职工会堂	
设施完好，满足职工集会需要	**查现场。不满足需要不得分**
职工宿舍	
布局合理，人均面积不少于 5 m^2；室内整洁，设施齐全、完好，物品摆放有序，**提供免费网络服务**	查现场。面积不满足要求**扣 3 分**；其他不符合要求 1 处扣 1 分
附加项	
职工福利	
职工免费就餐、洗衣、住宿	**查现场。满足其中 2 项加 1 分，全部满足加 2 分**